龔大中　著

A咖創意人雲集推薦

讓創意永無止境的飛揚！

只要用心看世界，創意人眼中都是無所不在的創意。這個自認為人生何其幸運的大男孩，在熙攘繽紛川流不息的道路上，以觀察入微的誠實態度面對生活的一切，用細膩文思把內心感應周遭的各種各樣足跡記錄下來，也因此獨樹一格構築了他的創意世界。可不是，想像力本身就是一種勇氣的寫照，大中勇往直前挑戰自我的膽識，讓創意飛揚在永無止境的空間裡。

——奧美大中華區副董事長／莊淑芬

本書像是一本作者自己的思考練習簿。適合以下族群閱讀：對廣告行業好奇的人。想做廣告創意的人。剛入行的人。入行一陣子的人。入行很久且感到疲倦的人。離開的以及繼續留下的人。

——奧美集團首席創意官／胡湘雲

大中一直是我覬覦著，希望有機會可以合作的優秀創意人。我眼中的大中勇敢反骨，多才多藝，不疾不徐，胸有成竹充滿智慧，廣告人應具備的理性與感性，細膩與精準，在在具備，是我理想中廣告人該有的樣子。大中更是個精彩的人，寫書、導演、教學（還有玩生活）樣樣都來。精彩的人說精彩的故事，這些在大中眼中筆下所描述的不同領域的創意人，有的奇特，有的動人。看大中的廣告作品有趣，看大中的文字更是精彩絕倫！

——智威湯遜首席創意長／常一飛

大中，人如其名，書如其人——單純。創意人都知道，越單純的東西，越困難。

——ADK Taiwan 創意長暨大中華區創意顧問／游明仁

創意沒有執行力，只會變成天馬行空；創意有了執行力，最後變成了龔大中。

我從這位調皮學長的廣告作品中，看到了有新意、有心意的創意，讓這個苦悶社會多了一些幽默及溫暖。當你在對工作或生活感到失意時，或許這本書可以提供你一些繼續活下去的方法！

——宇宙人樂團主唱／小玉

有人問我創意人如何管理？我說創意人無法管理！所有對錯都要等到自己經歷過後，才能有所領悟。大中要出書了，出就出吧！無法管理！

——電視製作人・金星娛樂總經理／王偉忠

許多觀眾告訴我，《看見台灣》在花蓮玉里稻田裡的大腳印海報很有創意，因為這個圖案有意思，有意義。為單調的空拍影像增添一絲趣味，也鼓舞著台灣人邁步向前的動力。而或許《看見台灣》本身就是一個創意，前所未見的視角，前所未有的勇氣。

邁出一步，遇見創意。

——《看見台灣》導演・空中攝影師／齊柏林

推薦序　活著，不等於生活著！

「創意向來就不在辦公室裡」是許多知名創意人叮嚀創意人的話。

創意就真真實實地存在我們的生活裡，在人們的行為裡、周遭的現象裡、物體的形狀顏色裡，但不是每個人都有天份去敏銳地察覺這一切，而作者正是一個不但具有天份，更是認真去感受生活的人。

有幸和作者共事過幾年，通常我們不會叫他「龔大中」，而是用台語戲稱他「憨」大中，正如同「憨」字，那是他獨有的生活態度，從不聰明地去面對生活中的負面情緒，而是正直善良地去端倪身邊的人事物。

這本書讓人所看見的不只是生活的外表，還有最細節、最細微、最細緻的情感，他所篤行的正是把生活的養份，滋養在廣告的創意裡，把對人的感動、對事的熱情、對物的好奇心，轉換成一個又一個的創意，讓他的想法得以和人們的情緒產生連結和共鳴。

如果創意真的來自生活，那麼這本書可以幫助我們如何去善待生活周遭的一切，重新去察覺、去體會生活裡的美好，當學會了認真生活，即使在辦公室裡不用太努力，都能創造動人的故事！

——智威湯遜執行創意總監／薛瑞昌

自序

把和創意的幸運相遇，分給更多幸運的人。

可以把創意當成一份謀生的工作，這讓我一直覺得自己是個十分幸運的人。

更幸運的是，從小聽說的那句「創意就在你身邊」長大後竟然成真了，創意真的就在我身邊，我好像總會很機緣巧合地遇見各式各樣充滿創意的人、事、物，他們經常出現，教導我、啟發我也鼓舞我，給我意想不到的動能和養份，如此頻繁的「相遇」很難解釋也無從解釋，我想，只能將一切歸因於運氣，我真是一個幸運的人。

三年前，時任《2535》雜誌編輯的雪如找我寫專欄談廣告，一方面每天看廣告想廣告做廣告早已感覺有些噁心，一方面實在不願意更不夠資格批評同業，所以我跟她說可不可以不要用廣告人的身份談廣告，我想用創意人的角色聊創意，廣告之外的任何創意，當時心裡其實還有一個OS是：「我想把我的幸運，分享出去。」

就這樣我開始寫專欄了，「當創意遇見創意」寫我遇見的音樂、電影、動畫、雕塑、金工、家具、花藝、調酒、料理、生活瑣事、話題新聞、網路現象、社會運動……當然一不小心還是寫了些廣告。奇妙的是，當我有意識地注意自己周遭發生的事情，按月搜尋著可能分享的題材，那些關於創意的人、事、物竟然更頻繁地找上我，源源不絕地前來讓我遇見，就像在拉斯維加斯 21 點牌桌上贏了錢要分紅的道理，幸運是會越分越多的。

我想把這樣的幸運，跟更多的人分享，於是有了將專欄集結出版成書的念頭。在完成最後一篇專欄〈你「看見台灣」了嗎？〉之後，我又持續寫了徐冰在北美館的回顧展，還有咖啡與靈感之間的關係，可惜交稿的 deadline 到了，有些美好的相遇終究還是來不及分享。

其中之一是在台南正興街遇見了農麗的 UPCYCLE 1，朋友的朋友大錦

「透過 Recycle、Reuse、Repair、Rethink、Redesign 的概念，將廢棄素材回收，混搭重組提升出獨一無二的環保家具」，我舉雙手加雙腳贊同這樣的理念，我喜歡、甚至迷戀舊東西被賦予新生命的過程和意義。最令我驚豔的是那把「GuitSpeaker!! 吉他主動喇叭」，將退役的木吉他手工改製成主動喇叭既聰明又浪漫的想法，原本創造美好聲響的樂器，可以繼續播放動人的音樂，在不同的生命裡完成相同的使命。回台北後我奉上我高中時代的第一把吉他，因為年久指板變形已經塵封多年的它即將在大錦手中重獲新生，朋友警告說，他和大部份的創意人一樣，動作很慢，我說沒關係，美好的事情值得等待……因為太想分享，只好把它寫在序裡。

關於這本書，要感謝雪如給了我寫作的機會和念頭，除了三不五時給我鼓勵，每個月還要督促生性懶散的我準時交件，這項艱鉅的工作在專欄轉到《數位時代》後由諭緯不辭辛勞地扛下，然後雪如幫我介紹時報出版社，筱婷、倩聿和趙董事長用熱情和專業替它接生，還有多年的同事倫哥主動請纓操刀封面設計，最後，好像冥冥中註定似地，繞了一大圈，隻身踏上「四國遍路」徒步旅程卻仍心繫出版進度的筱婷，又將編輯的重責大任交回雪如手中，真是圓滿的安排，從開始到完成，每一位都是《當創意遇見創意》得以誕生的天使。

最最最感謝的是，書中提及的所有被我幸運遇見的創意人、事、物，二十三篇文章，裡頭有二十三個關於創意的觀點，那些精彩的天賦、才華和情懷，填滿了這本書的全部，我把他們當成共同的作者。而眼尖的人也許有發現，從書名到副書名「創意」在封面一再出現，甚至還有十多位大名鼎鼎的「創意人」——在我百般騷擾下點頭答應「人情」推薦的前輩和好朋友們，謝謝各位讓我和創意的幸運相遇，能如願分享給更多幸運的人。

目錄

「有人問我創意在哪裡？我說創意在這裡，在那裡，在一本書裡，在一部電影裡，在一則新聞裡，在一首搖滾樂裡，在一幅充滿童趣的畫裡，在一盤美味的義大利麵裡，在一束盛開的鮮花裡，在一杯午后的特調咖啡裡……只要用心就會遇見，記得大方點，說聲嗨，把他留下來，那會讓你嘴角上揚一整天。」

——龔大中

一整天，
都是五月天

身為一個現代的創作者，
你必須學會叫好還要叫座，
要具備藝術性還要兼顧市場性，
這是你的功課，也是你的使命。

拿到五月天CD那天，我一個人開著車，走雪隧往宜蘭烏石港去，並沒有停留，沿著濱海公路又直接開回台北。車窗外是今年冬天盛產的陰雨天，一幕幕灰濛濛的海景掠過眼簾，車裡頭是不斷重覆播放的五月天，一首首帶勁的搖滾樂沖刷耳膜，這是他們出道十一年的第8號作品。

專輯名為《第二人生》，以二〇一二的世界末日說為主軸，將意念延伸到詞曲創作、封面設計甚至售票演唱會，明日、末日兩種版本，不只是噱頭，封面、曲目、歌詞甚至MV情結都大有不同，真是張有料又有梗的專輯。才第一次聽，卻發現裡頭包括〈星空〉、〈OAOA〉、〈諾亞方舟〉、〈我不願讓你一個人〉……有好幾首歌我已經可以跟著唱了。不得不佩服唱片公司的行銷宣傳，原來早在專輯發行前，這些歌就透過電影、廣告、演唱會和偶像劇，悄悄侵襲我們的耳朵。事實上，打從十一年前那場以初出道的新人之姿，挑戰不可能的萬人演唱會打響名號開始，五月天，一直都是最擅於行銷包裝的樂團。

在KTV包廂，五月天的歌，我們每個人總能跟著哼唱個幾首……喔不對，是好多好多首。簡單的合弦，朗朗上口的旋律，貼近人情生活的題材和歌詞，讓五月天不得不地，成為一種通俗的流行。

記得幾年前還常聽到，身邊一些搞地下樂團的朋友，對這樣的行銷包裝和通俗流行無法接受，甚至感到作噁，他們說五月天不算搖滾樂團，充其量只能算流行樂團，哎，每次聽，我都想偷笑。當五月天一飛成為台灣的天團，我那些朋友還被埋在地底下，當五月天唱給全世界聽的時候，他們還是只能唱給自己聽。所謂地下不地下，搖滾不搖滾，有沒有獨立精神，這些都是很主觀的認定，並沒有客觀評斷的標準，而搖滾樂真正的本質是要被聽見，然後才能影響人心，所有的創作都是這樣的道理，不是嗎？

通俗與脫俗，流行與前衛，出世與入世，一定得選邊站嗎？誰說的。仔細去聽五月天的每張作品，你會發現，除了主打歌之外，總會有幾首帶有實驗、冒險和衝撞的歌曲；你會發現，在成名走紅之後，批判性和哲學意味反而越來越濃烈；你會發現，真正在背後支撐的，不是面面俱到的行銷宣傳，而是一路堅持的熱情和理想。通俗、流行和入世，讓全世界得以聽見五月天的脫俗、前衛和出世，聽起來矛盾弔詭，卻真切而巧妙地發生著。

主流與另類間的界線越來越模糊，不必等到世界末日，自然有崩解消失的一天。一切都起因於創作的本質，在表達自我、影響人心，而前提是你必須先被聽見、被看見。當創作者體認這個道理，並且付諸實踐，無論另類不另類，在被注目聆聽的那一刻，他就成為主流，他就是世界的中心，於是他能讓更多的人被感動，被影響，讓創作發揮最大的能量和價值。

這一、兩年的國片復興運動，靠的是生活化的取材，偶像明星的票房加持和到位的行銷計畫，電影工作者不只認真拍片，也開始努力讓更多觀眾看見他們的創作。華裔設計師吳季剛投入平價時尚的時裝設計，不為別的，就是希望能讓更多的消費者穿上他的創作，體驗他想傳達的東西。身為一個現代的創作者，你必須學會叫好還要叫座，要具備藝術性還要兼顧市場性，這是你的功課，也是你的使命。老天給予你如此獨特的創作天賦和生命素材，你要懂得感恩分享，用它感染更多人的心靈！

「再見，那麼多名車名錶名鞋，最後我們只能帶走，名為回憶的花園，如果要告別，如果今夜就要跟一切告別，如果你只能打一通電話，你會撥給誰……」我大聲唱著，阿信這幾句寫得真好，車子在北海岸奔馳前進，腦海裡想著這些事，轉啊轉地，一整天，都是五月天。

來自山林的女孩

〈Hey! Remember me〉

那是二〇一一年十二月四日星期天的下午，在華山藝文中心的倉庫裡，GEISAI 發起人村上隆先生抓著有限的時間，快步奔走在四百位新銳藝術家的攤位間瀏覽作品，他在 B053 停下腳步，睜大眼睛，靜靜盯著電視螢幕中播放的動畫……

以手繪 2D 模擬 3D 的 2.5D 動畫，質樸的筆觸，濃郁的色彩，簡單的運鏡，不知道為什麼，釋放出一種讓人難以忽視的力量。從深山美麗的湖泊開始，野百合、毛蟲、蝴蝶、螳螂、黃雀、獼猴和黑熊構成的生物鏈，在貪婪的人類加入後，失去了平衡。人類化為製造工業污染的幽冥卡車，排放黑煙，塗炭生靈，直到大地不堪負荷地崩壞，當上升到將要滅頂的海平面襲捲而來，曾經不可一世的人類也只能卑微地和北極熊抱在一起等待末日降臨。超脫生命之後，如同諾亞方舟般，人類和動物共乘一片蓮葉，蓮蓬上頭眨呀眨的是萬物之眼，他們通過瀑布，逆流而上，探尋自然生態的源頭，看見製雲的娃娃和造雨的女神，河川是山靈蜿蜒流動的長髮，涵養著生生不息的生命，他們終於領悟萬物同源的本質，相倚共生的命運，人類的眼波泛出懺悔的淚水，那淚水再次形成最初的湖泊，一切回到原點，畫面 dissolve 成一幅真實的照片，上方出現字幕「謹獻給我的家鄉——台灣大雪山天池」。

整整五分鐘，《掙脫後的靈光》抓住了村上隆的目光，作品主人名叫江鳳娌，一個來自台灣大雪山天池的女孩。三小時後的頒獎典禮，她獲選本次大會的村上隆獎，由村上隆先生親自頒獎，他說，在這部作品裡看見台灣藝術創作的生命力和可能性。上台領獎時，她像粉絲一樣說著，光是望著村上隆觀看她作品時專注的背影，已經讓她全身起雞皮疙瘩了，那是她生命中很光榮的時刻。

什麼是村上隆先生看見的生命力和可能性？這支動畫是江鳳娌在實踐大學時尚與媒體設計研究所的碩士畢業論文作品，在動畫的虛幻世界裡，你可以清楚看見一個來自山林的女孩內心最真實深刻的感受，走進孕育她生命的自然生態，目睹人類無度的揮霍和殘酷的破壞，她的不安，她的憂傷，她的憤怒，她的反省，還有她純粹堅韌的靈魂。她將幼時在森林裡最原始感知的一切，還有對重建人與自然的和諧關係，進而恢復萬物生機的謙卑期待，用手繪的方式，現代的動畫語言，原原本本地傳遞出去。

〈掙脫後的靈光〉

最珍貴的寶藏，
其實是我們自己，
創作者自身獨一無二，
絕無僅有的生命經驗和內涵，
如果你有勇氣、
有方法，找到它，
把它說出來。

現場展出幾幅她在發想動畫概念時手繪的壓克力畫作：女孩在山林裡與黑熊咬耳朵，要牠不要忘記她；女孩依偎在蜷縮的穿山甲懷中，握著牠的雙手，說要跟牠做朋友；女孩讓飛鼠抓著她的雙手雙腳，一起學習飛翔……那女孩的形象正是作者生命的投射，天真浪漫的畫面承載著她對山林的記憶、情感和想像。

一切的一切，都與「她」息息相關，源自她的內心，連結她的生命。那賦予作品一種無可替代的樣貌與個性，除了她，世界上再也沒有任何一個人能有一樣的成長歷程、創作動機和情感能量，去創造相同的東西，於是，她做到連村上隆也做不到，連村上隆都會欽佩的事情。創作真正的難度，在於如何拿出勇氣，找到方法，挖掘出身體最裡層的東西，然後用表現的平台，有限的資源和技法，固執而誠實地把那個自己表達出來。因為那是自己，因為那是生命，因為那裡頭有理直氣壯的態度，有自然而然的與眾不同，所以它會散發源源不絕的能量，感動創作者本身，也撼動每一個照見它的心靈，我想，這就是村上隆看見的生命力和可能性。

《挪威的森林》被視為一部村上春樹自白式的愛情小說；Radiohead的主唱Thom York在〈Creep〉中，用歇斯底里的柔美聲線唱出自身面對心儀對象時那種永遠不得不的自慚形穢；楚浮在《四百擊》裡忠實而赤裸地呈現屬於自我的慘澹童年；我最愛的電影導演Julio Medem在《安娜床上之島》中毫不保留地放進對亡故畫家妹妹無盡的愛和思念；九把刀用《那些年，我們一起追的女孩》的小說和電影，熱血地訴說自己的青

〈掙脫後的靈光〉

〈我們做朋友好不好？〉

〈防禦〉

春故事。即便是身為廣告創意人的我，也經常在充滿商業性質的創作過程中，私心地置入關於我個人的故事和想望，至於是哪些部份？哈，抱歉，在這裡不便奉告。

所謂創意，在本質上就是要創造不曾存在、沒有被做過的東西。當我們汲汲營營，用力伸長觸角蒐尋創作養份和素材的同時，有沒有想過，最珍貴的寶藏，其實是我們自己，創作者自身獨一無二，絕無僅有的生命經驗和內涵，如果你有勇氣、有方法，找到它，把它說出來。

鳳娌之前也是做廣告的，跟我一樣，每天都在跟時間賽跑，投入心力和才情，做著一件又一件用完即丟的速食創作，後來她選擇離開，去學動畫，花了三年的時間，日復一日地構思、執行並反覆修改著一件作品，她用所有的力氣，說了一個屬於自己的故事，給過去、現在和未來的自己，一個最誠實的交代。同樣身為創意人，曾經和她共事過的我想跟她說，過去她是我的 partner，現在她是我的偶像。

咬一口粗獷的蛋糕吧！

我家牆上的陶盤＋畫＋燈

午後的陽光灑進上海華山路一棟西班牙式老公寓的二樓，一間小而美的工作室，以木頭的原色做基底，適當的凌亂中帶著不含糊的工作感和濃重的生命活力，台灣來的女生妮可，鄧乃瑄，正流著汗，忙著她的全新創作，古布腳凳。

Brut Cake，是她創立的家居藝術設計品牌，是一個創作概念，涵蓋商品、藝術，還有最重要的，生活。記得當時她搖擺在Art Brut和Honey Cake兩個名字間下不了決定，一個是她赴歐洲學畫時師承的藝術流派，中文翻譯為「原生藝術」，強調原創的、生猛的、粗獷的，具有人的溫暖與情緒的；另一個蜂蜜蛋糕，則是她最愛的甜點，她希望她的每件作品都能帶給別人那種幸福和甜味。最後，她乾脆將兩個名字合而為一，Brut

工作中的妮可

Cake想傳達給人一種手作的溫度，有別於工業設計的商品，它將雙手製作的藝術品實用化，讓藝術真正融入生活之中。她管它叫「樸普創作」，我不管她，就是喜歡叫它「粗獷的蛋糕」。

我愛妮可做的每一件東西，除了天真、原創、質樸，不假多餘的修飾之外，Brut Cake這個很米克思又很混搭的名字，偷偷洩露了她在創作上不為人知的獨門絕活。她在台灣生長工作，曾經去德國遊歷學畫，後來在上海生活創作，她將在這些土地上不同的生命經驗和養份結合，變成她既在地又宏觀的創作能源。她曾經是廣告公司的業務總監，後來學畫、學拉陶，當了畫家、藝術家，還當過藝廊的管理者，她將這些身份和歷練結合，變成一個設計品牌的創辦經營人。結合、結合、結合……妮可在有意與無意之間，一直用這樣的手法，變出無限的可能性。

結合的初體驗，是從陶瓷作品開始的，除了以純手作營造樸拙、不完美的樣貌，並在每件作品上保留未上釉料的區塊，做為一個觸覺的橋樑，讓人得以觸摸到泥土的本質，感受大地，但最特別的是，妮可把她擅長的繪畫結合進去，她在陶土燒炙將要完成的同時，憑著當下的感覺，手繪出心裡獨一無二的畫面，就這樣，手作陶土加手繪圖畫，創造出能盛裝訊息，傳達意念的容器，讓作品有了意義，也生了靈魂。

然後，這樣的陶瓷作品，加上上海老屋中慣用的傳統龍珠燈泡，就成了她的陶燈系列。後來燈泡，又加上在上海弄堂裡取得靈感的水龍頭和水管，就成了她的水龍頭吊燈。沒多久，她在鄉村的市集發現一種古布，是在中國江南地區採集天然棉花，經過七十二道繁複的工序，以純手工紡織，造就出堅韌耐用的特性與樸實的美感，布齡都在二十年以上，每一匹都有獨特的格線布紋，每一匹都是古董，這樣的古布被她加上包包、筆袋、衣著、抱枕等最簡單的實用設計，就成了 Brut Cake 極受歡迎的古布系列商品。還沒完喔，她在上海尋常百姓家裡的客廳，找到製作精美但已經老舊甚至半損壞的 art deco 風格沙發，把它們加上古布系列商品的布材剩料，以創意的視角維修翻新，透過拼布的方式，又創造出一張一張擁有不同臉孔長相的古布沙發。

這裡頭，除了不同素材的結合，不同創意與概念的結合，還有包括繪

陶燈

水管燈

抬頭仰望她創作天馬飛行的空中，
在各式各樣奇妙的結合裡頭，
最生猛，
最無可取代的，
我相信，
絕對是夢想加上實踐力吧……

古布沙發之穆斯林夫妻

畫、陶藝、五金、水電、裁縫、木工……等等大量技術資源的結合。前陣子去印度旅行時跟朋友聊到，有沒有可能將古老文明豐富又精彩的傳統藝術元素，變成更具時代感與創新性的設計。同行一位設計界的前輩提到一個「拼圖」的概念，我覺得很有趣，他說現在所有的人都在世界各地尋找素材，那可以是原料、媒材、技法、觀念甚或是既成品，然後就是把這些東西拼起來，變成另一個東西，重點是拼的方法，怎麼拼得跟別人不一樣，怎麼拼得新。我當下就想到妮可，我覺得，愛拼才會贏，根本就可以當成 Brut Cake 的另類 slogan。

去年底，妮可的感情也有了甜美的歸屬，她嫁給在上海遇見的澳洲藝術家奶油（Nial O'Connor），台灣加澳洲，連愛情，都很拼。

其實，說是獨門絕活，也並不是什麼從沒見過的新招式，翻開談論創意的書籍，十本大概有八本都會提到「創意，是舊元素的新組合」，道理一直都在，只是你能不能身體力行。

然而妮可最可愛的，是她大膽作夢，然後認真追夢的勇氣。抬頭仰望她創作天馬飛行的空中，在各式各樣奇妙的結合裡頭，最生猛、最無可取代的，我相信，絕對是夢想加上實踐力吧……

寫到這，想到下星期飛上海要去她的工作室看她，就覺得開心又期待，不知道她又會變出什麼新玩意。咬一口粗獷的蛋糕，一加一等於幾？這個數學題，在妮可的 Brut Cake 裡，我相信，永遠會有令人驚奇的答案。

God bless you

〈跳舞吧，牧牧〉

四月份，瓶裝水市場旺季的開始，廠商稱為「水頭」，多喝水一年一度的新廣告上片了，我私心地喜歡其中的曖昧篇，男生和女生呆坐在河堤，一句話也不說……那是我自己十五歲的故事。

年紀漸長後，多了一個習慣，就是回顧過去。二〇一一年此時，多喝水做了什麼事？一個叫「十五影展」的campaign，那是多喝水的十五週年。我最怕的週年慶廣告，我們化險為夷，把品牌的十五週年，轉化成一個人的十五歲，這讓我們和消費者產生一種連結，也讓廠商冰冷的信息有了人性的溫度。因為不管過去現在未來，每個人都會經歷自己的十五歲，純粹的心靈，絕對的態度，那是生命中最美好的年份，起碼對我個人來說是這樣的。記得之前《2535》雜誌專訪我，要我寫下給讀者的一句話，我有點賣弄文字地寫下肺腑之言：「不管你是25，還是35，永遠要活得像15。」沒想到回收再利用，稍事修改竟成了多喝水的十五歲宣言：「不管我們幾歲，永遠要活得像15歲。」

為了收藏關於十五歲的種種美好，我們邀請四位導演，從十五種態度出發，拍攝十五支影片，訴說十五個關於十五歲的故事。除了金馬導演沈可尚和張榮吉，資深創意轉戰廣告導演的黃豐喬之外，我很幸運地成為裡頭的四分之一。我們像大學聯考填志願那樣挑選想拍的故事，我挑了三個，其中有篇叫〈跳舞吧，牧牧〉，一個關於勇敢的故事——牧牧是一名擁有原住民血統的舞蹈班資優生，在一場攸關升學的重要會考，她走上台，卻褪下芭蕾舞鞋，赤著腳，勇敢驕傲地踏下來自祖先的，從小爺爺教她的，

十五影展
15歲
不管我們幾歲，永遠都要活得像十五歲！
15個故事，15種態度，4位導演
15支關於15歲的影片，紀念生命中最美好的年份

15影展海報

震撼人心的舞步。

歷經兩個多月燃燒生命式的前製、拍攝和剪接，十五影展登場，不只透過網路放送，更在華山藝文中心舉辦實體放映，首映那天，張榮吉導演悄悄告訴我：「你選的那支跳舞的，我們都不敢挑……」我問為什麼，他說因為預算、時間、執行難度和不可控制性。的確，當初我只憑直覺喜歡就選了，真的開始才發現，裡頭有太多太多問題和困難必須克服。

首先是音樂和舞蹈，我聽了三十多張原住民的音樂CD，看了上百支原住民舞蹈的YouTube影片才明白，這世上似乎沒有一首適合芭蕾獨舞的原住民音樂，而要把原住民舞蹈融入現代芭蕾，簡直就是異想天開，更別説音樂和舞蹈還得源自同一族，否則會變成四不像。接著是演員，要在短時間內，找一個原住民，或長得像原住民的年輕芭蕾舞者，要跳得好，要有camera face，還要符合角色在性格和氣質上的設定，根本是不可能的任務。然後是預算，陽光灑進舞蹈教室的設定，光影角度必須全片一致，從早到晚的拍攝時間，自然光會移動，會不見，只能靠打光，六顆18K大燈，很貴，問題是我們沒多的錢。最後是天氣，牧牧在森林跳舞的戲，希望拍到光線穿透樹影射下的空氣感，但氣象預報説，表定的不能改動的拍攝日，會下雨……到這裡，我幾乎已經放棄了，好像沒有一題是我可以解決的。

沒想到，怪事接二連三地發生。有天下午製片子嫺打來説，那唯一一首

牧牧

創作中有著太多太多無法解釋的天份、靈感和機遇，
徹底地瘋狂而變化無常，
如果說這一切來自上天，
一個創意之神，
真是太完美的解答。

我覺得適合的歌，郭英南長子蔣進興的阿美族複音吟唱〈我們來跳舞〉，飛魚雲豹音樂工團居然爽快答應授權。晚上，編舞老師詠興寄來他編的舞，把阿美族舞蹈元素結合現代芭蕾……我不抱希望地打開檔案看，竟是完美的一氣呵成。幾天後，在casting幾十個芭蕾舞者都不行的絕望之際，詠興老師介紹舞蹈教室的總機丹燁，原來她的真實身份是名舞者，第一眼看她，我就認定是她了。訪談過程中，她說她喜歡太陽，熱愛太陽，她覺得自己就是太陽，而故事裡爺爺送牧牧的項鍊，守護阿美族的馬拉道，正是太陽神，這巧合讓我頭皮發麻，她試跳老師編的舞，棒極了。然後，製作公司突然送來我之前義務幫忙拍片的導演費支票，我堅持不收，卻想到不如捐出來租燈光，金額剛剛好。最後是拍森林跳舞那天，早上還是陰天，下午在竹子湖開機時，陽光竟神奇地照下來，〈我們來跳舞〉的音樂響起，光線穿透道具用蠟塊燒出的輕煙，丹燁在美術鋪滿一地的落葉上舞著，一遍兩遍三遍，她感動地哭了，我也偷偷流下眼淚。

所有我以為無解的問題，竟然都解決了。兩天的拍攝，製片組、攝影組和美術組很棒，演員們很棒，場景很棒，工作氣氛很棒，進度掌控很棒……我們在太陽落下前一秒，搶到最後一顆鏡頭，順利收工下山。九人小巴在平等里蜿蜒的山路間行進，望著窗外金黃和粉紅交織的天空，我覺得自己真是個太幸運的人，這一切的條件，造就了最後完美的結果，缺一不可，但想想看，這所有難得的幸運要集合在一起發生，機率有多低？幸運如我，竟能全部擁有……這跟我能不能拍片，會不會說故事完全無關，而是有種難以解釋的理由，彷彿有個人想要我好好說出這個故事，我不知道為什麼，也不曉得該感謝誰，只能告訴自己要好好做人，對，我一定要好好做人。

答案在我隔天回公司時揭曉，我老闆胡湘雲跟我分享一個TED的演講，《享受吧！一個人的旅行》（Eat, Pray, Love，有網友翻成「飯禱愛」，那是我看過最棒的翻譯之一）作者Elizabeth Gilbert的「與天才攜手創作」。她說在古希臘和羅馬時代人們相信創意並非來自人類，而是一種具有神性的幽靈，從遙不可知的地方，為了遙不可知的理由走向人類。也就是說，有個創意之神，一直在暗中協助我們創作，所以當你做出好作品時不必太得意，那是因為有祂在幫你，相反的，當你不小心搞砸時也無須太沮喪，那只是祂最近比較忙。據說Tom Waits（美國知名民謠歌手）有次開車行經洛杉磯的高速公路時，腦中閃過一段美麗的旋律，但他無法拿出紙筆記下來，他做了一件很妙的事，他抬頭對著天空說，祢沒看到我在開車嗎？為什麼一定要在這時候給我靈感，難道不能挑個好時機嗎？之後他的創作過程就整個改變了，他總能在需要的時候，譜出想要的音符。

我深深愛上她這種說法，因為在創作中有著太多太多無法解釋的天份、靈感和機遇，徹底地瘋狂而變化無常，如果說這一切來自上天，一個創意之神，真是太完美的解答。創意人就像一個容器，裝盛著祂所賦予的神聖而不可知的意旨；創意人也像一個載體，負責執行祂所託付的任務，祂要我們訴說的故事。

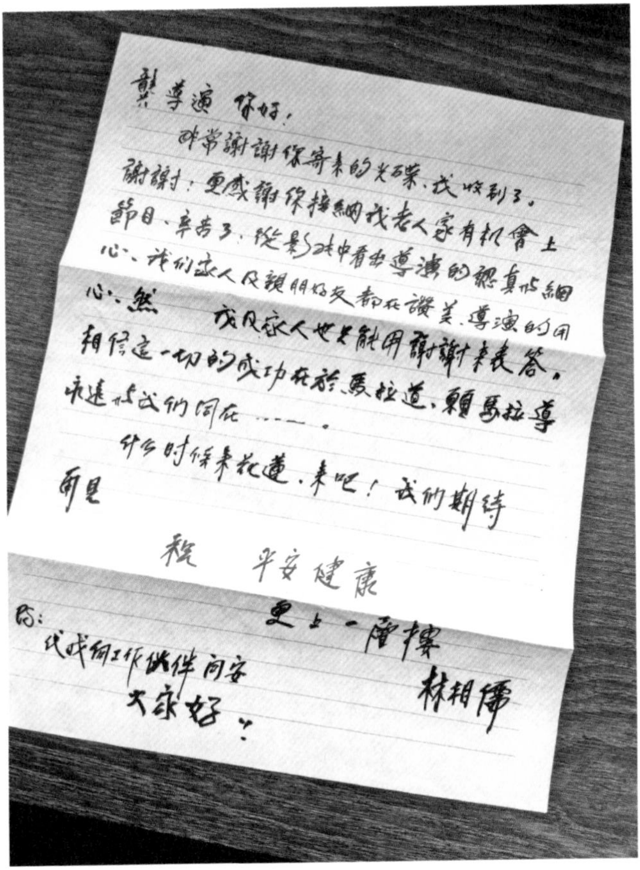

龔導演 你好：

非常謝謝你寄來的光碟，我收到了。

謝謝！更感謝你接納我老人家有机會上

節目，辛苦了，從影片中看出導演的認真和細

心，我们家人及親朋好友都在讚美導演的用

心，然 我及家人也只能用謝謝來表答，

相信這一切的成功在於馬拉道，願馬拉導

永遠和我們同在……。

什么时候來花蓮，來吧！我们期待

再見

祝 平安健康

更上一層樓

林相儒

PS：

代我们工作伙伴問安

大家好！

爺爺來信

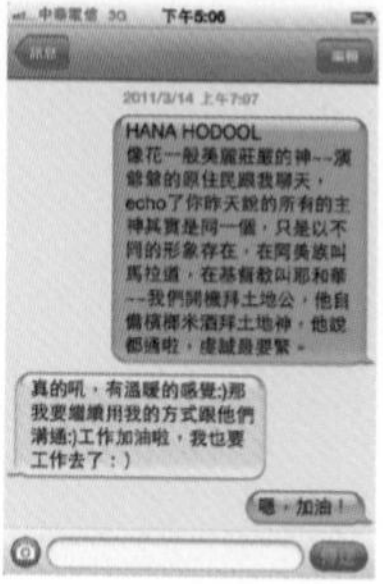

簡訊

我想起拍攝當天，飾演牧牧爺爺的阿美族長老跟我說的話，那和前一天我跟朋友聊到關於宗教信仰的對話，很巧合地不謀而合。爺爺說，HANA HODOOL是像花一般美麗莊嚴的神~~所有宗教的主神其實是同一個，只是以不同的形象存在，在基督教叫耶和華，在阿美族叫馬拉道……真是既神祕又美麗。〈跳舞吧，牧牧〉完成後，我把影片光碟寄給遠在花蓮的爺爺，他回了一封信，說片子很棒，他的家人們看了都很喜歡，相信這一切的成功在於馬拉道，願馬拉道永遠與我們同在。如此虔誠，如此敬天，而我們每一個做創意的人，不也應該那麼感謝創意之神的眷顧嗎？

好人有好報，從事創作的人，一定要好好做人，善良而認真地生活，謙卑而努力地工作，耐心等待好創意的降臨。這聽起來也許過於抽象，甚至有點迷信，但如果從理性、邏輯甚至科學的角度看，當你用一顆美好的心靈，體驗感受生命周遭事物的真善美，表現出來的東西自然會是美好的，也絕對會是動人的。

God bless you! 願創意之神保佑你，幫助你，創作出像花一般美麗莊嚴的作品。真糟糕，怎麼越寫越像在佈道傳教？說好不寫廣告，不說自己作品的，沒想到不但說了，還寫得這麼臭，這麼長，醜一。

這是一個故事

拓銀作品

二月底，在印度北部有粉紅城市之稱的Jaipur，一間名不見經傳的珠寶店，一聲驚嘆，朋友睜著大眼睛，愛上展示櫃裡的一件銅製飾品，兩隻鳥兒舒服安靜地依偎在紮實安穩的樹枝上。

多少錢？我們開口問了那位一路殷勤推銷各式商品的店員，答案令人意外而遺憾，這是老闆家族的收藏品，不賣。我們不死心，繼續追問，經理來了，不賣；白髮的老店長來了，不賣；最後老闆出現了，朋友的眼光真好，那是他爺爺留給他的傳家寶，不賣就是不賣。帶著美麗的遺憾，我們離開珠寶店，離開Jaipur，離開印度，我卻忘不了朋友臉上像孩子一樣欣喜和失望的表情，如果他能擁有它，一定會很開心吧我想……

拓銀門市

阿員

我想起在那之前大概一個月，好友Kurt跟我提過一個人，原本是廣告公司的art，為了追求夢想，毅然決然跑出來搞金工創作，只要給他一張照片或平面圖案，特別是有生命的寵物，他就能把它立體化，做成銅或銀的戒指、手環、項鍊或擺飾，他叫黃敏員，阿員，店叫拓銀，在西門町紅樓。

三月初的一個週六，我去了紅樓，走進含工作台也不過兩、三坪大的拓銀，第一次見到阿員，穿著工作圍裙，戴著黑框眼鏡，溫和文雅的他，有張一直在微笑的臉。表明來意前，我花了很長的時間，仔細看完櫃裡、架上各式各樣的銅銀飾品，有寵物、花草、人像、圖騰和物件，我喜歡手做的東西，我喜歡他做的東西。不過，我也是後來才懂得，眼前那一件一件維妙維肖又風格獨具的作品，背後竟隱藏著那麼厚實的生命意義。

簡單自我介紹後，我說了在印度發生的事，他靜靜聽著，不像工匠也不像老闆，像朋友，像一個傾聽者。沒有照片，也沒有圖案，我用我殘存的記憶，殘障的透視觀念，描述那兩隻銅製小鳥包括樹枝鳥巢的大小、形狀、姿態和神情，還有我想要的感覺，而他也透過想像，回應了他的認知和建議。我們試圖在彼此之間那團模糊而抽象的空氣裡頭，抓出某些明確而具體的輪廓，這樣的溝通讓我感到緊張和不安，阿員用他臉上始終如一的笑容告訴我，放輕鬆。

一個星期後，阿員把設計圖寄給我，坦白說，看了還是很模糊，我去找

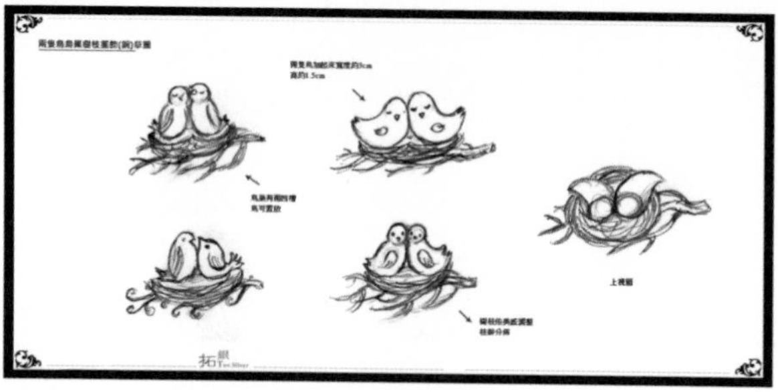

設計圖

他，確認了大小尺寸，然後再次模糊地表達了我的期待，「希望鳥的感覺，偏真實，又帶點抽象，是舒服而自然的」就放手讓他發揮了。可能是因為做廣告創意的將心比心吧，這次我自己當客戶，把一件工作委託給一個有才情的創作者，我的選擇是，全然相信他。況且我要的，絕不只是複製那個在印度看見的東西呀。

一個月後，我在約定的日子去了拓銀，那天阿員有事不在，他交代工讀生把成品交給我。我坐在他的位子上，坦白講，是有點忐忑地打開盒子，第一眼我就微笑了，我小心翼翼把兩隻銅製的鳥，擺放在銅編鍛造的樹枝鳥巢上，我的笑容更開了，跟我記憶中印度人的傳家之寶很像很像，黃銅和手作，一樣的溫潤質樸，一樣的和諧穩重，一樣講究的工藝

鳥和鳥

它多了一些巧思，
一點想像力，
還有一份自在和浪漫，
那裡頭有很清晰的，
創作者和委託者（阿員和我）
投入的意志與個性。

技法，但它卻更細膩，更美妙，因為它多了一些巧思，一點想像力，還有一份自在和浪漫，那裡頭有很清晰的，創作者和委託者（阿員和我）投入的意志與個性。

我叫它「鳥和鳥」，我靜靜地看著它，不知道為什麼，有種莫名的感動……突然，我看懂了，這根本不是一件黃銅飾品，不是珠寶店非賣的傳家之寶，不是旅行印象的重現，也不只是彌補美麗的遺憾，這是一個故事呀……這時，手機響了，我嚇一跳，竟是阿員打來，我一時還以為他在店裡裝了監視器，他問，還可以嗎？我說，我很喜歡。

原來，在拓銀的每件作品，都是一個專屬的故事。委託者帶著可能是自己的，又或者是別人的故事前來，說給阿員聽，阿員聽完後，用他的手，他的心，他的金工創作把故事唯美地呈現出來，那讓他自己也成為故事的一部份，然後成品回到委託者手中，或者被當成禮物送給最終的擁有者，整個故事，於是圓滿了，這其中每個人都有角色，甚至都成了創作過程的一份子。

很美，不是嗎？這就是阿員在拓銀做的創作。把屬於客戶的心情、感動和記憶，透過貴金屬的工藝，具象地打造出來，讓它變成一種永恆堅實的存在。阿員的第一件作品，是他們家狗狗走後，以牠的形象做成項鍊，送給傷心的老婆。他說，常常覺得自己做的是一種「療癒系商品」，某種程度上，也還滿有道理的，就這樣，冰冷的金工，有了情感的溫度。

「果果耳環訂製──思念」、「機器人像手機吊飾訂製──相信」、「猴子項鍊訂製──愛情的芭那那」、「話匣子手環訂製──喀滋喀滋」……是不是讓人很想一探究竟?拓銀在無名小站的部落格上,記錄了其中四百多件作品的故事。創作者最大的難題在於,如何確保每件作品都獨一無二?然而,當你的每件作品,都來自人們的故事,獨一無二的故事,這個問題就不是問題了。

「鳥和鳥」送到朋友手中時,他既驚喜又感動,覺得自己很幸運,謝謝我,也請我一定要謝謝阿員。他靜靜地看著它,臉上幸福的表情,為這個故事寫下完美的結局。

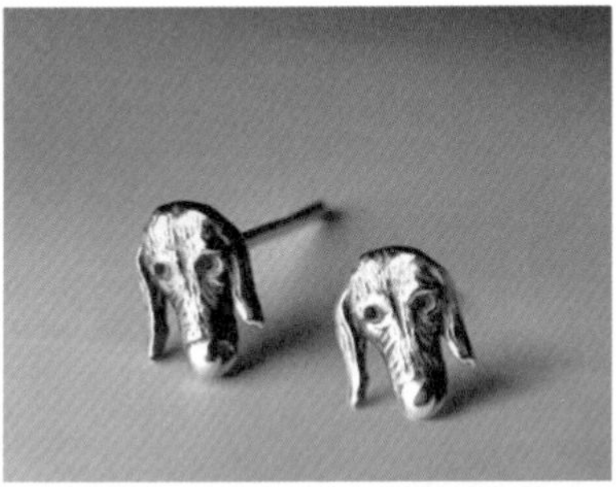

果果

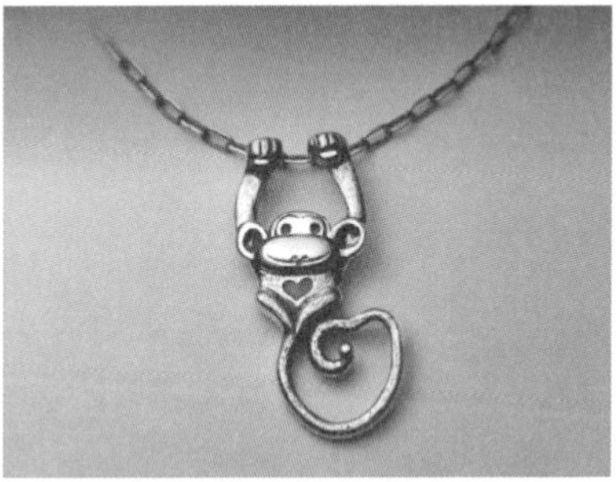

猴子

話匣子

機器人像

One Night In Fourplay

Four Play 出照

什麼是創意？舊元素的新組合……我在學校的創意課堂上，常常拿調酒為例，解釋這老生常談的道理。創意工作一直是我的最愛，而調酒，是最近朋友帶我去了 Fourplay 之後，才成為我的新歡。

今晚沒事，一個人走進東豐街的 Fourplay……沒錯，因為沒事，不是心情不好，不是壓力太大，沒要慶祝什麼，也沒跟誰有約，這裡的調酒太正，沒事，就想來喝一杯，當然喝一杯只是個說法，實際上，只喝一杯是絕對不夠的。

我挑了吧台中央我最愛的位子坐下，為什麼是吧台？因為這裡的調酒不只好喝，還很好看。眼前是琳琅滿目的基酒，五花八門的器具，還有色彩

調酒師 Allen

繽紛的蔬果備料，帥氣的 bartender 粉墨登場，用認真的神情、講究的步驟、俐落的動作，調出一杯又一杯令人驚豔的調酒，每次都覺得像在收看現場直播的 Discovery 頻道。

Allen 愛穿黑襯衫，上臂圈著銀色袖環，五官挺深的他留了鬍子，雙手帥氣地撐在吧台，酷酷地，卻很親切，甚至是語帶關心地問：「要喝什麼？」與其說我是來喝酒的，他是調酒師，倒不如說我是客戶，他是創意，我給 brief，他想 idea，望著他的臉，突然有種阿拉丁神燈的感覺，彷彿我的願望都能在此刻實現……

第一杯：White mojito

第一杯　出乎意料的 White Mojito

海明威坐下，點了杯他最愛的 Mojito。蛤！不是用古巴萊姆酒調的？Allen 說這裡不是 La Bodeguita 酒吧，要他試試店裡最新研發的白酒 Mojito。他怕太淡會不 man，Allen 在裡頭加了伏特加，最後那注點色提味的 Dark Rum，就用紅酒巧妙地替代，薄荷和檸檬的絕配依舊，卻多了出乎意料的葡萄酒香。海明威唏哩呼嚕喝下這杯改編自經典名著的創新劇本，若有所思地抿了抿嘴唇，轉身從包裡拿出《老人與海》的手稿遞給 Allen 說，這本送你。

第二杯：Earl Grey Shot

第二杯　以茶帶酒的Earl Grey Shot

優雅而嚴肅的伯爵 Charles Grey 說，不如我們以茶代酒吧，Allen 點頭回應，嗯，以茶「帶」酒，這英國佬的點子不錯……腦中調酒師獨有的味覺拼圖開始運作，他用伯爵當年無意間將佛手柑精油滴入中國紅茶而發明的伯爵茶，放進冰凍的 Vodka 冷凝萃取茶香，以自家熬製的果糖穩定茶與酒的發酵，注入百香果、檸檬和琴酒調和的微酸基底……Earl Grey 一口飲盡這杯獻給他的 Earl Grey Shot 皇家即飲，他照 Allen 教的，在嘴裡先含兩秒，然後吞下，口與鼻一起呼氣，讓茶香、酒氣和果味多層次地綻放，一口就足以回甘、回甘再回甘。

第三杯：我愛台灣

第三杯　這個才叫「我愛台灣」

「小伙子，你真的開店做調酒了耶。」布農族的檳榔王說。那年，熟客小B在吧台撂下一句：「你只能給我 Gin Tonic 嗎？」深受打擊的 Allen 一個人跑到台東鹿野尋找調酒和人生的答案，他救了喝醉掉進田裡的檳榔王，檳榔王要他留下，住了十天，答案就從每晚和原住民的喝酒聊天裡出來了。原來，喝酒並沒有什麼必然，不是為了喝到什麼東西，在什麼樣的環境喝，而是為了簡單的快樂和滿足。「有沒有忘記嘴巴左邊吃葉仔，右邊吸生活綠茶，中間抽 Marlboro 的味道？」檳榔王問，那是當時他教 Allen 的撇步，Allen 笑了笑說：「阿伯你等一下。」他請助手去外頭買來一包葉仔，用兩粒檳榔、小黃瓜、檸檬、薄荷葉和蜂蜜，加上 Gin、

他們腦中那副調酒師神祕的味覺拼圖，
拼的是紮實的基本功，
對酒料和食材的認識，
豐富的經驗，人生的故事，
天賦的直覺，
一點溫柔，一點勇敢，
還有很認真的執著。

第四杯：笑氣

Absinth 和 Vanilla Liqueur 三種基酒，「是不是這味道？」他把酒遞給檳榔王，才喝一口就笑開的檳榔王說：「看，這才叫愛台灣的啦。」

第四杯　害人的「笑氣」

他是P，沒什麼人知道他是金盆洗手的藥頭，好久沒 high 了，想 high 一下。Allen 說那就毒品系列，大麻、海洛英、古柯鹼、笑氣……七種任君挑選，P 說笑氣好了，最近有點笑不出來。綠薄荷酒、琴酒和紅艾碧斯依序倒入長 shot 杯中，紅白綠的顏色很像黑手黨故鄉的國旗，插一根吸管，上頭綁著充滿笑氣的氣球。P 將氣球取下捏住，一口吸光杯中的義大利，然後含住氣球的吹嘴，放手用力吸讓笑氣往嘴裡衝，昔日的

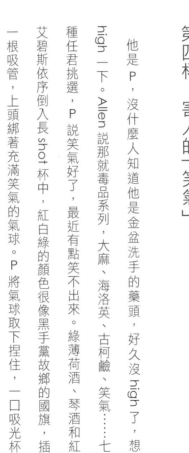

光景湧上血脈心頭。Allen要P說一下感覺，「真他X的有刺激耶～」像唐老鴨一樣的卡通音脫口而出，吧台上其他客人都笑了。原來，氣球裡不是讓人high的一氧化二氮，而是氦氣，氦氣比空氣輕，會害你暫時聲速加快，音頻提高……Allen也笑了，他說，藥頭跟調酒師一樣，我們要讓別人high，沒有自己在high的。

第五杯：提拉米蘇

第五杯　他最愛的提拉米蘇

好久不見的熟客小B出現了，她問Allen說：「你的答案，找到了嗎？」「我的答案，就是我要幫客人在吧台上找到他要的答案。」Allen一邊說，一邊擦著寬口雞尾酒杯。「那我的答案呢？」小B追問，Allen

第六杯……

放下手中的杯子，用Baileys奶酒、Kahlua咖啡酒、白可可、黑咖啡和鮮奶油，還有為了呈現Mascarpone Cheese微酸口感而加入的檸檬和柳橙，打成冰沙，再鋪上厚厚一層的咖啡粉。他將這杯要用小湯匙一口一口吃的調酒推向她，「我記得妳說過，他愛吃提拉米蘇。」Allen溫柔地說。那個他，是小B已逝的男友，提拉米蘇是他最愛的甜點，也是義大利人口中神吃的食物，這是Allen的第一杯情緒調酒。

第六杯……

已經喝了五杯（或者更多）的廣告人D，漸漸打開心房，交換了幾句心裡話。Allen抵著下巴，陷入一陣很深的沉思，他好像忽然想到什麼似地，在玻璃壺裡用煙草和水燒出白煙，拿出陳釀多年的梅酒，加上琴酒、金桔、櫻桃、蜂蜜還有白酒，倒進玻璃壺隨著白煙搖晃，然後注入酒杯，再噴上自己蒸餾的天然薰衣草香精，沒有名字，這是給 D 的情緒調酒，只屬於 D，屬於那個當下，別人喝不到，而下一次也再調不出來了。

Allen 說除了第一杯提拉米蘇，所有的情緒調酒都不會進入 Fourplay 的酒譜，因為這裡不販賣客人的情緒。

Fourplay 賣的不是裝潢，不是氣氛，甚至非常討厭虛華，調酒本身才是真正的重點啊。身為 bartender 的 Allen 和 Frankie 工作時是不喝酒的，那會影響調酒的精準度，他們腦中那副調酒師神祕的味覺拼圖，拼的是紮實的基本功，對酒料和食材的認識，豐富的經驗，人生的故事，天賦的直覺，一點溫柔，一點勇敢，還有很認真的執著。

喝到一點鐘Fourplay要打烊了，才意猶未盡地離開，我抱怨很少酒吧一點就打烊的，Allen、Frankie、伊達和小聰四位主人圍著我說：「因為我們也需要夜生活啊。」也對，創意這條路要走得長遠，一定得在生活中持續汲取養份，夜生活的創作者，怎麼可以沒有夜生活？也好，該回家睡覺了，我沒醉，真的沒醉喔，只是頭有點暈暈的……下次Fourplay再見囉！

馬奎斯、切格瓦拉、米老鼠和我爸

馬奎斯

一九二八年三月六日[1]，賈西亞．馬奎斯（Gabriel García Márquez）誕生在哥倫比亞加勒比海岸一個叫亞拉卡塔卡的小鎮。我在二十二歲當兵那年，讀了他在三十九歲[2]時出版的不朽傑作《百年孤寂》，魔幻瑰麗的筆調引人入勝，目的地卻是無奈又殘酷的巨大現實，那是拉丁美洲歷史文化的慘淡縮影，也是人性中根深蒂固的孤獨。

「我的武器就是我的打字機。」「我的小說要為弱小貧窮的人請命。」馬奎斯在一九八二年獲頒諾貝爾文學獎，身為作家、記者和社會運動者的他曾說：「寫作是在政治上我能做的最有價值的事。」讀完《百年孤寂》時在道德良知上的自我反省，和那股對世界、社會充滿理想性的雄心壯志，如今卻在生活和工作的消磨下，一點一滴從原本緊握的手中鬆開。倒

1 馬奎斯正確的出生年為一九二七年，由於龔大中當時所讀的《百年孤寂》版本介紹馬奎斯為一九二八年生，反而成為一個美麗的誤會。

2 一九六七年，馬奎斯應為四十歲，他從一九六一年開始寫作《百年孤寂》，一九六七年六月正式出版，馬奎斯從此聲名大噪。

是魔幻寫實風格，變製現實為魔幻來表現現實的手法，一直影響著我的創作，文字、廣告、影像都是。「一道鮮血從門下流出來，流過起居室，流往街上去，成直線流過凹凸不平的巷道，流下臺階，爬上馬路邊緣，沿著土耳其街，成直角轉向……」馬奎斯這樣寫著，讓我始終願意相信，創意是基於事實的誇大，是源自現實的魔幻。

一九二八年六月十四日，切．格瓦拉（Ernesto 'Che' Guevara）在阿根廷的羅薩里奧出生。我在高中二年級的時候，買了一件印著他肖像的T恤，坦白說，那時候完全不知道這傢伙是誰，只覺得很帥，那是阿爾貝托．柯爾達（Alberto Korda，古巴攝影師）在一場追悼會上，用徠卡M2相機幫他拍下的照片，取名為「英勇的游擊隊員」，和我一樣，許多人對切．格瓦拉盲目而不切實際的美好印象，都是來自這張比搖滾巨星還要搖滾巨星的「世上最知名的照片」。

切．格瓦拉生前是社會主義革命家、游擊隊長、軍事理論家、國際政治家、醫師也是作家。一九六七年，《百年孤寂》出版那年，三十九歲的他在玻利維亞的革命戰鬥中被捕，遭到美國處決。切的靈魂化身為反主流文化的普遍象徵，全球流行文化的標誌，同時也是第三世界共產革命的英雄和世界左翼運動的精神領袖。儘管這個世界對切．格瓦拉有著兩極化的觀感和評價，甚至在包裝與拆穿，粉飾與醜化之間，他的真實樣貌變得越來越模糊難解，但我對他還是有著莫名的認同和崇拜，他是一位正港革命家的事實不容抹滅，不只發起參與一場革命，甚至終其一生都在革命，並且

切格瓦拉

不斷地輸出革命，而所謂的革命，正是一種非常富有創意性的精神。那個被神聖化、符號化的切告訴我，對於權威和主流永遠要懷抱著「為什麼不可以？」的反骨態度；他要我把推翻或者是顛覆，當成跑步之外最愛的運動；他鼓勵我，不要安逸於現狀，大膽放下手裡擁有的，去追求更多未知的、偉大的可能。

於是，一看再看的《革命前夕的摩托車日記》成了我最愛的電影之一，看到有他肖像的T恤還是會忍不住想買……不管真相到底是什麼，也不管他是不是時代雜誌二十世紀百大影響力人物，我只知道他真的影響了我，很多很多。

一九二八年十一月十八日，史上第一部有聲卡通影片《汽船威利號》在紐約市殖民大戲院隆重首映，一隻有著大而圓的耳朵，穿靴戴帽的小老鼠，隨著輕快的音樂踩步躍動吹口哨，可愛的形象贏得觀眾的喜愛，讓他們短暫忘記經濟蕭條帶來的煩惱，一下子就轟動了紐約，米老鼠從此誕生。除了第一部有聲卡通，一九四〇年愛創新的米老鼠還演出了第一部立體音電影《幻想曲》，在他一九七八年五十歲生日的時候，甚至成為名字被刻在好萊塢星光大道上的第一位「非人」明星。

第一次遇到米老鼠是什麼時候？這問題真難，總之就是很小的時候，某種程度上，是他陪我長大的。我到現在都還記得，當年媽媽帶我去看迪士尼冰上世界，米老鼠「本尊」登場時，心中那股激動興奮的感覺，「我長

米老鼠

大想當米老鼠。」我是真的這樣認真思考過喔。

"It all started with a mouse!" 一隻老鼠開創了整個迪士尼王國的一切，華特‧迪士尼（Walt Disney）甚至說過他愛米老鼠勝過任何一個他認識的女人，這位充滿創意的傳奇夢想家，不但畫出米老鼠，更自己擔綱配音，事實上，米老鼠就是他的化身，他們一起把快樂和夢想，傳遞給每一個孩子，喔，不對，應該是傳遞給每一個人心中的那個孩子。現在我長大了，雖然沒有當成米老鼠，但我由衷地盼望我的創作，也能像可愛的米老鼠，帶給人們快樂和夢想。

一樣是一九二八年，十月二十五日，龔挺出生在中國大陸浙江省的蘭谿縣。在四個人裡頭，他是名氣最小的，卻是影響我最最最大的，因為，他是我的父親。一九四五年，他在青春正盛的十七歲投身軍旅，四年後隨國民政府從上海撤退台灣，打過古寧頭，經歷八二三，從二等兵到士官到軍官最後晉升將軍，從台灣頭到台灣尾包括金門馬祖澎湖他都曾經駐守，他為自己的人生寫下一頁頁精彩絕倫的故事。

他和我媽媽的第一件作品，是在一九七六年創造的，那個作品就是我。除了遺傳，還加上有樣學樣，我有和他一樣的濃眉毛，一樣的火爆脾氣，一樣的多愁善感，一樣的叛逆反骨，一樣的正直善良……而我也總是努力地希望自己能像他一樣man，一樣重信用講義氣，一樣堅毅有韌性，一樣勇敢面對生命的種種安排，一樣懂得為所愛的人犧牲。

父親與我

我的父親賦予我生命，
也賜給我教養。
生命是一種何其偉大的創造，
更何況是我自己的生命，
所以對我來說，
他和每個人的父親、母親一樣，
才是世界上最有創意的人。

我的父親賦予我生命，也賜給我教養，我之所以能成為今天的我，都是因為他。生命是一種何其偉大的創造，更何況是我自己的生命，所以對我來說，他和每個人的父親、母親一樣，才是世界上最有創意的人。

記憶像不小心被翻出來的舊錄影帶那樣，沒來由地被召喚在我眼前播放，我想起很小的時候，爸爸帶我去騎馬，我坐在馬伕牽著的搖晃的馬背上，雙手緊緊抓著馬鞍不放，繞了一圈之後，爸爸把我抱下來，支開馬伕，他一躍上馬，「駕」一聲像策馬入林的俠客那樣揚長而去，那時覺得爸爸真帥，我長大也要像他一樣帥，對，我要像他一樣帥。

我想有一天，我會像他一樣，創造出新的生命，到時候，我一定要像他一樣，一樣那麼愛自己的孩子。

大ˋㄓ若ˊㄩ

Where's大智若餘樂團

大智若愚是一句成語，源於蘇軾〈賀歐陽少師致仕啟〉，歐陽修辭官獲准後，蘇軾寫給他的信，文中以「大勇如怯，大智如愚」稱頌他的勇氣和智慧，這個成語就從這裡演變而出，用來形容真正具有極高智慧的人，表面上看起來往往似乎笨拙。

我覺得這很像廣告的操作，在廣泛的市調和深入的分析之後，經過嚴謹的邏輯思考，辯證出方向，交由創意人員發揮想像力和才情，夜以繼日地苦思，提出符合策略、淺顯易懂又精彩動人的腳本，最後呈現在消費者眼前的，也許只是短短三十秒裝瘋賣傻的博君一笑，那背後，卻隱藏了無數的智慧。全聯福利中心的廣告，就是一個例子，笨笨的，拙拙的，會讓你發笑，但仔細想想，它是不是總是用你最意想不到的方式，精確傳遞出品牌要告訴你的訊息?所以，不好意思，我一直對某些描述全聯福利中心廣告的形容詞，比方說「KUSO」、「無厘頭」，感到很感冒。

大智若魚是一部電影，我很喜歡的導演提姆波頓在二〇〇三年的作品。一個人見人愛的父親終其一生都在說故事，把自己的經歷說得像神話般奇幻瑰麗，引人入勝，但他身為新聞記者的兒子，卻無法接受這一切。他只想知道，關於他的父親，到底什麼才是真的，最後在父親的喪禮上，父親口中的人物一個一個現身，他才終於明白，原來父親說的一切都是真的，只是被添油加醋之後，變得更精彩，更有想像力。

我在學校的課堂上總是會放這部電影給學生看，我用片中醫生問兒子的

宇宙人

問題問他們，如果是你，會選擇事實，還是父親戲劇性的版本？我們做廣告不是新聞報導，我們工作的本質，和片中父親說的故事一樣，就是基於事實的誇大。在廣告的世界裡最有趣的是，消費者老愛說，廣告都是假的，都是騙人的，於是做廣告和看廣告的人之間，就建立了一種微妙的默契，只要確保是基於事實，廣告的情節是被允許誇張，甚至唬爛的。不要做那種平鋪直敘的東西，我跟他們說，身為一個創意人，你的點子每一次都要像電影中女巫說的話：「河裡的大魚，是永遠不會被抓到的。」

大志若魚是一首歌，收錄在我最酷愛的台灣樂團宇宙人的第二張專輯《地球漫步》。「明天我要挑戰的海洋，會有什麼我也不敢想，水往下流我偏要往上，就算最後像個笨蛋一樣結束了，我也不要和別人一模一樣」，吉他手阿奎說，這首歌的靈感來自他在臉書上讀到人們將七年級形容為「愚人世代」，表面上看起來呆呆傻傻的，好像在虛擲青春和浪費生命，其實他們很清楚自己要什麼，他們比誰都勇敢，把一切孤注一擲在胸懷的大志上，像魚兒逆流而上那樣，明知不可為而為，擇善固執地追求著。

《地球漫步》專輯的預購禮物很妙，宇宙人們帶著熱血和傻勁，還有兩千個小瓶子，踏上一趟環島之旅，前往花蓮的和平，去盛裝「和平的空氣」，整個過程被拍攝剪輯成他們所謂的微紀錄片，配樂就是大志若魚，影片的最後說：「來自和平的空氣，真的能帶來和平嗎？只要你相信，它就可以。」真的很愚人世代，就像他們對音樂始終的堅持和信仰。

大智若餘是一個樂團，最近成立的，團員都是我在奧美廣告的同事，有龔「大」中、陳「智」輝、莊「若」云和呂豐「餘」，所以取名為大智若餘。像柔性政黨一樣，我們把自己定義為一個柔性樂團，也就是說沒有什麼必然的規則和限制，可以自由進出，四個人可以表演，三個兩個一個人也可以，不必每次都全員到齊，甚至有人要臨時加入一起玩也行，二〇一二年九月二十九日，我們在圓山的樹樂集完成了第一場售票演唱。後來又有吳怡蕙「Where」和高「于」婷兩位團員加入，於是團名更改進化為「Where's 大智若餘」，一起寫歌、練團、表演，唱過女巫店、海邊的卡夫卡、河岸留言、安和 65、Legacy mini、音樂花坊、都蘭糖廠咖啡……

龔大中

一個人，
應該擁有不只一個career，
你可以扮演許多不同的角色，
每多一個身份，
就多一個slash，
更多的slash，
讓人生創造出更多的可能性。

做廣告的，為什麼要跑去搞樂團？記得多年前，好友妮可從德國學畫回來，跟我分享了當時在歐洲很流行的一個概念：「SLASH／」，意思是說一個人，應該擁有不只一個 career，你可以扮演許多不同的角色，每多一個身份，就多一個 slash，更多的 slash，讓人生創造出更多的可能性。那天她約我一起來比賽，看誰的 slash 比較多，後來她成為廣告業務／畫家／藝廊策展人／咖啡店經營者／陶藝家／設計師／家飾品牌創辦人，我則成為廣告創意／大學講師／作詞人／唱片企畫／導演／專欄作家，並且在最近因為大智若餘的成立，多了一個／樂團歌手。我喜歡嘗試不同的事情，我希望我的人生，可以一直 slash 下去。

一個大ㄓ、若ㄩˊ，四個截然不同的意義，我想，這就是創意存在的意義。

不老騎士 v.s. 夢騎士

不老騎士環台日記　弘道老人福利基金會提供

一個是台灣二〇一二年最好看的紀錄片，一個是台灣二〇一一年最動人的廣告片。

鮮少看紀錄片的我，會去看《不老騎士》，是因為有個朋友竟然給它打了兩百分。電影才一開場，《不老騎士》的車隊浩浩蕩蕩通過很有台味的產業道路，配上片中幾位老伯伯有點像在話家常的旁白，我就不爭氣地哭了，因為那個東西實在太真實，或者應該說因為我突然意識到，哇，眼前的畫面竟然是真實的存在，一瞬間，感動直接衝上來，讓人毫無招架之力。

我記得第一次看〈夢騎士〉，是在我老闆胡湘雲的辦公室，她把當時才剛出爐熱騰騰的 B copy 放給我看，真實故事改編，相當到位的選角，細膩的情節鋪陳，精湛的演出，一顆又一顆美美的鏡頭，爐火純青的剪接，恰克與飛鳥的搖滾樂，低沉動人的旁白……三分鐘之後，我很感動，胸口麻麻的，覺得這片子真棒，好有力量。但是我沒有哭，也許是因為它畢竟是廣告片，也許是因為職業病害我用了過份抽離的觀看角度，總之，就是哭不出來。

而我在看《不老騎士》的時候，淚腺卻變得特別發達，除了一次又一次被感動，還有不少次，是笑到流眼淚的。因為是紀錄片的關係，你得以深刻了解到每一位不老騎士的背景、個性和動機，他們的生活和家人，他們栩栩如生的生命。這一切，讓十三天的歐兜邁環島，變成一趟肩負著故事，承載著夢想與心願的巨大旅行，每一個細節，每一哩路程，都自然發動著感人的能量。

在〈夢騎士〉裡頭，你看到其中一台摩托車前掛著老婆的遺照，兩旁還有鮮花，你會很感動；但在《不老騎士》裡頭，你知道他叫阿桐伯，年輕的時候每年都會載老婆環島一次，他曾答應她八十歲還要載她去環島，他在她的墳前思念她，那是她最愛的花，他問她要不要跟他一起去環島，聖筊，他出發了，那一年他八十歲……你會流下眼淚，一直流，一直流。

你知道，八十歲的高齡，重聽、關節退化、高血壓，心臟病還有癌症，一千多公里的長途跋涉，你能想像這趟旅程並不容易。但如果你看到，團長賴清炎爺爺幾度胃出血住院，仍然堅持要負責任帶大家走完全程；不老

不老騎士阿桐伯　弘道老人福利基金會提供

〈夢騎士〉因為廣告執行要求的精緻度，
所以很帥，真的很帥；
《不老騎士》沒有想要帥，
卻因為那份真實，
讓他們變得比帥還要帥。

騎士們不但自己圓夢，還去了護理中心和老人之家，為那裡的人加油打氣；有爺爺第一天出發就騎到睡著摔車，有爺爺因為跟想超車的遊覽車擦撞而受傷，有兩個老人家的駕照是出發前才辛苦考到的；車隊通過南橫和蘇花公路時的險惡路況和不良天候……你會懂得這趟旅程有多艱難偉大。

當然，這並不公平，這和篇幅有關，即便已經是很奢華的三分鐘，廣告片還是有它先天的秒數限制，因為每一秒，都是錢呀。

《不老騎士》的組成並沒有透過專業的casting；沒有人教他們怎麼擺pose做表情，他們不會演，他們只是做自己；他們的機車多半不是很趴的檔車，而是有點老土的速可達；當然，也沒有造型師幫他們打點頭髮和衣服；他們通過的路段，事先沒有經過勘景取鏡；而且每一個鏡頭、畫面

〈夢騎士〉

和情節，都只有一次機會，沒辦法NG重來再重來。〈夢騎士〉因為廣告執行要求的精緻度，所以很帥，真的很帥；《不老騎士》沒有想要帥，卻因為那份真實，讓他們變得比帥還要帥。我很喜歡《不老騎士》導演說故事的方式，沒有串場旁白，也不必字幕引導，只靠片中老人們講的話，就真切傳遞了影片想要表達的理念。

一樣的旅程，一樣的故事，紀錄片的動機，就是單純想要紀錄整理這一切，並透過它，鼓舞人們認真勇敢地追求夢想。我在《不老騎士》片尾credit字幕的最後看到CNEX，突然想起有次開車聽廣播，聽到蔣顯斌先生的訪談，他創立了「CNEX——給下一代太平盛世的備忘錄」，計畫從二〇〇七年開始，用十年的時間，每年選定和華人社會密切相關的年度主題，並透過徵案與評選，挑出十個企劃案進行拍攝，要為兩岸三地的華人留下一百部紀實文藝資料庫，當時覺得他好屌，現在不只佩服他，甚至有點崇拜他了，因為他做的事情，充滿了理想和意義。

至於廣告呢？一樣是想說出這個故事，一樣是想鼓舞人心，但我們不得不承認，我們還希望藉此提升品牌的形象，甚至蠻不好意思地說，最後能帶來生意的成長。所以即便是像〈夢騎士〉這樣，具有高度，不市儈地強賣商品，而是提出溫暖且關乎人性的良善價值；即便是我們多麼努力地想要讓我們做的東西，對社會產生意義，對人心造成影響，一旦追根究柢到那個最源頭的無法掩飾隱藏的商業動機，真可悲耶，我始終還是覺得我們廣告人身上，有著一股揮之不去的，濃濃的銅臭味。

《不老騎士》很動人，〈夢騎士〉很好看，無論是紀錄片的導演，或者廣告片的導演和創意，都是值得尊敬的創作者。但我不得不說，真正最最最有創意的，還是那群不服老的老騎士們，是他們用勇氣和行動，寫下了這個真實又偉大的好故事。

不老騎士們　弘道老人福利基金會提供

下一個末日
會更強

不管是真是假，相信不相信，
末日永遠充滿魅力，那是一個機會，
有人在這一天表白，有人在這一天道歉，
有人在這一天做了以前不敢做的事……

iPod播放著五月天的「諾亞方舟」，新聞裡頭說大批人潮湧入墨西哥馬雅文明遺址，在四川省，人們瘋狂搶購蠟燭，浙江企業家接到二十一張訂單要他生產一個造價五百萬人民幣的逃生艙，俄羅斯的罐頭食品和火柴恐慌性地熱銷，信徒擠爆法國庇里牛斯山被預言為外星人營救基地的布加哈什村莊……同事傳來app訊息說，明晚公司末日派對的表演準備好了嗎？在上海工作的朋友飛回台北，說這一天要和家人守在一起……

二〇一二年十二月二十一日，馬雅預言的世界末日，據說是有史以來大概第八十個被預言的世界末日，狼來了八十次，為什麼這一次好像特別嚴重？好像真有那麼一回事？

追溯這個預言的起源，具有高度智慧的馬雅人在長曆法預言中提及：「二〇一二年十二月二十一日將是人類本次文明結束的日子，此後，人類將進入與本次文明毫無關係的一個全新的文明。」那其實只是馬雅文明舊曆法的結束，準備進入尚未編寫的新曆法，但是有人斷章取義，穿鑿附會，將它解釋成世界末日，沒想到被偉大的好萊塢編劇相中，把它發揚光大，在二〇〇九年拍成電影《2012》。之後，相關題材的電影一支接著一支拍，歌手們包括五月天、周杰倫異口同聲唱著末日之歌，加上各種宣稱專家的可靠言論，天文與科學的強力佐證，不可思議的神祕現象與驚人巧合，不負責任地在網路上飄洋過海，流竄傳遞。一個很有魅力的開頭，透過流行文化、網路化和全球化的傳播發酵，造就了史上最強的世界末日，末日即將到來，成為全人類的共同話題，全世界的集體意識。

末日預言，之所以被創造出來，在於它準確打中人們唯恐天下不亂和憂慮死亡毀滅的insight，一旦搭配上如此鋪天蓋地的全方位整合式行銷，推波助瀾，威力就會像這樣，大得嚇人。

事情誇張到許多國家的政府甚至跳出來，呼籲民眾冷靜，平常心面對，殊不知，這一切只不過是大家在演戲。這是我覺得最有趣的地方，大多數的人其實幾乎都不相信這件事，但卻樂於談論它、渲染它，地球人好像過得太無聊，好像很需要找話題、找樂子，甚至只是找寫臉書的素材，我們把世界末日說得煞有其事，我們一起演活這場戲，我們一起幫助彼此入戲。

以末日之名，天團五月天一整年從專輯到演唱會都圍繞著末日／明日的主題，台中科學博物館熱烈推出「末日與重生」特展，適逢冬至，店家端上「芥末湯圓」應景，許多企業大方放了一天末日假，流行服飾品牌來個末日大特賣，夜店舉辦末日狂歡趴……妙的是，十二月二十二日各式各樣慶祝重生的活動，竟也同時在世界各地大張旗鼓地準備著，完全無視末日的存在，我們熱烈迎接末日，我們興奮等待重生，超矛盾的，只能說，地球人的演技真棒。但無論如何，一個舉世矚目的大事件，有話題、有樂子，最終總能為全球經濟帶來什麼樣不無小補的動能吧，真想看看有沒有研究機構對「20121221 世界末日全球相關經濟產值」所做的報告。

不管是真是假，相信不相信，末日永遠充滿魅力，那是一個機會，有人在這一天表白，有人在這一天道歉，有人在這一天做了以前不敢做的事……至於我個人，完全信仰末日的存在，因為我相信「所有的一切，都是為了結束而開始的」，只是沒人能真正知道會是哪一天罷了。

果然，最新的預言馬上出來接棒了，地球真正滅亡之日將會發生在二〇一七年，真的假的!?天曉得，但可以肯定的是，在人類越來越無聊，數位化和全球化越演越劇烈的趨勢中，下一個末日，一定會更強。

超人是不會死的！

你想過要當超人嗎？我有耶。

記得三年多前幫宇宙人樂團企劃第一張專輯的時候，我的大學學長，知名廣告和 MV 導演 Jeff 張時霖答應幫忙拍攝首波主打〈太空警察〉的 MV，他說因為他一直想拍關於特攝電影的東西，所謂特攝電影，就是日本超人電影的一種典型。去年聽說他籌備很久的電影開拍了；然後在後期製作公司遇到他，他說在忙剪接，我說加油，拭目以待；終於在二〇一三年一月十八日，電影上映了，片名叫做《變身》。

醞釀九年的心血，投注在拍片工作中長期累積的經驗和能量，Jeff 說了一個他一直想說的故事，那是他，也是許多人的夢想，變身——當一個

超人的存在，
既是一種模範，
也是一種呼喚，
呼喚著每個臭男生、
黃毛丫頭，
甚至每個觀眾心中，
那彌足珍貴的正義、
善良和熱血。

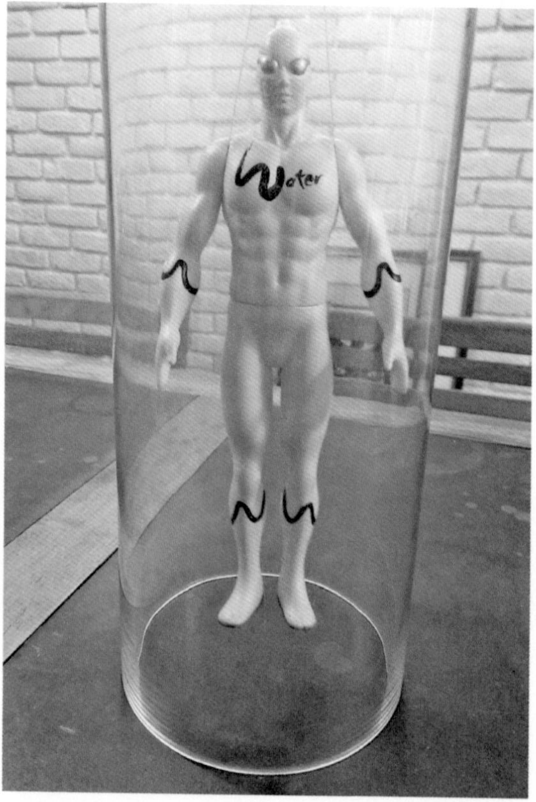

超人。我去看了首映，學長果然是玩真的，真好看。由陳柏霖飾演的過氣超人演員鐵男，如何扭轉人生逆境，變身成為真正的超人？笑中帶淚，淚中還帶著意義。導演想告訴我們，超人電影並非打打殺殺，也不是英雄崇拜，它是關於每個人的故事，每個人心中都有一個超人，我們都曾經為了某些人、某些夢想奮力變身，讓自己的力量發揮到最大值，在這個過程中，你已經超越了平常的你，你就是超人！

在片中宇宙超人FLY有段感性的獨白：「我突然明白，不一定要穿超人裝才是超人，當你被不同的人需要著、期待著，有很多事情只有你才能完成，在別人眼裡你已經是個超人了，超人是不會死的！」我想起幾年前我幫多喝水做的Waterman，從電視購物中販售的一件地球科技和平組織研發的超人裝開始，穿緊身衣的蒙面超人Waterman現身，像唐吉訶德那樣誓言拯救地球，「沒事多喝水，多做好事」連續十五天，做了十五件好事，關懷遊民、指揮交通、照顧老人、搶救流浪動物、捐血、淨灘……他能做的，你我都做得到，原來真正的超能力，就是善良的心，只要有心，人人都是Waterman。後來Waterman更發了唱片，成為慈善偶像歌手，持續用音樂的超能力拯救地球。

我們創造出Waterman，參與他所做的每一件好事，甚至自己變身扮演Waterman，我們真實地看見許多需要的人被幫助，許多年輕的心靈被打動，我們明確地感受到，世界因此而改變，哪怕只有一點點。也許可以這樣說，我和工作夥伴們，當然也包含客戶，透過這樣的形式，某種程

Waterman首張專輯

度上，一起實現了那個原本以為不切實際的，當超人的夢想。

「超人是不會死的！」宇宙超人FLY不斷這樣說著。關於超人的題材，也似乎永遠有它無可取代的市場性，前仆後繼的，有長青不敗的老超人，也有人才輩出的新超人，那是因為超人的存在，既是一種模範，也是一種呼喚，呼喚著每個臭男生、黃毛丫頭，甚至每個觀眾心中，那彌足珍貴的正義、善良和熱血。

在新竹跨年晚會倒數前一分鐘，主持人請歌手信分享新年新希望，他出乎意料地脫口說出：「身為一個台灣人，我一定要說，全世界前三名最危險的核能發電廠，台灣佔了兩座，請大家好好想想，我們有必要繼續往核能發電這條路走下去嗎?」主持人驚慌失措地搶麥克風企圖制止他的發言,他還嗆說:「怎樣?是你要我說的喔!」

在中視轉播的高雄義大跨年晚會,蘇打綠主唱青峰公開發聲:「在我的心目當中,媒體應該是為真相發言的平台,而不是企圖去壟斷,或把你、把我們當作是被利用的東西。」他唱了王丹作詞,張雨生譜曲,象徵六四革命精神的〈沒有菸抽的日子〉「送給每一個勇敢的人,清醒的你們」,這一段,在後來的重播中被剪掉了,可想而知的是,我們也許會有一陣子在那頭巨獸掌控的相關媒體上,聽不見他的聲音了。

信和青峰,是我在二〇一三年看到的頭兩號超人。不畏強權,勇於反對，堅持正確的事情，變身，站在自己的舞台上，努力把自己的力量發揮到最大值。就是這樣吧，我想，只要正義、善良和熱血存在一天，超人，是永遠不會死的！

我反對，所以我存在

廣告教父孫大偉說過：「創意的本質就是顛覆，威力更大的就是革命。」就算革不了命，也別忘了反對，我想鼓勵大家，從事「反對運動」！

「全世界前三名最危險的核能發電廠，台灣佔了兩座，請大家好好想想，我們有必要繼續往核能發電這條路走下去嗎？」歌手信在現場直播的跨年晚會上，毫無保留地宣示反核的立場。

「媒體應該是為真相發言的平台，而不是企圖去壟斷，或把你、把我們當作是被利用的東西。」蘇打綠主唱青峰在旺中集團轉播義大晚會的場子，公開呼籲反媒體壟斷，他唱〈沒有菸抽的日子〉送給每個勇敢的人，清醒的你們。

創作才女張懸在演唱會上感性說出自己對媒體壟斷的看法：「通常控制我們的其實是財團和超級企業，每一個人其實都在某個機器下面被運作或被要求服務與工作。我們今天需要的不是一個站出來就去死的英雄，我們要停止覺得某個人好勇敢，而是要相信多數人如果有同樣的意見而且敢於發聲，我們就不是一個人。」她希望反超級企業的新興概念，被更多人聽見，並且開始反思。

羅大佑在保守壓抑的八〇年代，用一首一首抗議歌曲，鏗鏘有力地昭示他對社會問題和威權體制的反抗和不滿，歌曲被禁成為家常便飯，他則成為人們眼中的憤怒青年、抗議歌手。

而抗議歌曲並不是從羅大佑開始的，貝多芬在一八〇五年完成他一生中唯一的一齣歌劇《費德里奧》，就是一個反叛的故事，內容影射當時混亂無度的政局，讓執政者冷汗直流，最後下達禁令。

從〈Blowing In The Wind〉開始，六〇年代的 Bob Dylan 用大量的民歌創作，發出反戰、反核武、反種族不平等的激越之鳴，他是反叛力量的代表，抒發年輕人面對時代的困頓，對抗一切傳統權威。

John Lennon的第一首個人熱門單曲〈Give Peace A Chance〉，也是一首著名的反戰歌曲，反對戰爭對全人類的生命造成不必要的迫害與犧牲，而每當〈Imagine〉的樂聲響起，你都會想起他，一個性格反骨又倔強，反對一切暴力活動的可愛的和平主義者。

天團U2的主唱Bono，更是將他的創作、演出，他的搖滾樂，與他的政治關注緊密結合，〈Sunday Bloody Sunday〉、〈In The Name Of Love〉、〈One〉……反暴力、反恐怖主義、反美帝、反全球化……三十多年來不停思考著人類面臨的重大課題：戰爭與和平、人權、環境、貧窮等等，他說：「如果搖滾樂不敢質問大的問題，那還是搖滾嗎？」

反對，真是個迷人的字眼，充滿力量的動詞。不只上述的舉證歷歷，有沒有發現，許許多多的詩人、畫家、表演者、導演……傑出的創作人，往往會發展出某種鮮明的反對立場；又或者是，具有一定程度反對性格的人，經常會成為傑出的創作人。雞生蛋還是蛋生雞很難說，但反對和創作之間，似乎確切存在著很微妙的正相關。

如果反對的極致叫做革命，那麼在我心中，法國大革命攻佔巴士底監獄的巴黎市民，國父孫中山先生和切格瓦拉這些革命家，就是最有膽識才情的另類創意人。廣告教父孫大偉說過：「創意的本質就是顛覆，威力更大的就是革命。」就算革不了命，也別忘了反對，我想鼓勵大家，從事「反對運動」（很抱歉我借用了一個也許並不恰當的既有名詞，因為如果去Google一下，你會發現這可能褻瀆了某些人眼中非常神聖的政治語彙），把反對當成一種對身心靈有益的運動，有事沒事都要找個事動一動，好好反對反對。沒錯，就是為反對而反對！我必須解釋，這絕對不是唯恐天下不亂，而是我們有必要這樣充實自身的血肉。

所謂反對，或者反抗一件事情，那件事情肯定是某種趨向、某種勢力，甚至是某種主動或被動的共識，某種堅實而固執的存在。它之於你，就像大之於小、多之於少、強之於弱，於是你不得不使出身上所有的力氣跟它鬥爭，那會讓你綻放出熱情、勇敢和生命力，感覺到自己是如此真實地活著，如此明確地存在，這些，正好是創作心智不可或缺的能量和養份。去年，柯一正導演發起「我是人，我反核」運動，與戴立忍、陳玉勳、駱以軍等人在總統府前排成「人」形快閃，他們身上，就散發出那種理直氣壯的巨大力量。

「你是那種會挺身而出，反對某件事情的人嗎？」前些時候朋友這樣問我，他覺得自己不是，我跟他說，也許不是敢不敢、會不會，而是有感無感的問題，雖然那跟敏銳度和批判性有關，但重點還是你願不願意，有沒有努力去找到一件你真正在乎、完全無法妥協的事情，找到了，你自然會站出來，用你所有的力氣反對它。就像純樸的農民，可以激烈到甚至付出性命，也要反對 WTO 和 ECFA 對農產品進口的開放，因為那切身關乎他們的生計。就像一但威脅到人民的健康，反美牛的高漲聲浪，連政府也得乖乖讓步。就像那一年，以為自己永遠不會走上街頭的善良百姓，竟然前仆後繼地加入紅衫軍反貪腐的行列。而如果像陳昇說的，把號稱安全無虞的核廢料統統運到總統府，我想，府方可能會立刻成為堅定反核的一方。所以，每個人都可以，我們有天賦的反對潛能，只要我們找到標的物。

記得小時候，媽媽常說我是個愛唱反調的壞孩子；國中老師說，我的青春期可能比正常人叛逆一百倍；在家，在學校，甚至在部隊，在公司，我一直個是讓人頭痛的反對黨。曾幾何時，隨著年歲漸長，越來越融入所謂的社會，所謂的主流，頭上的角卻慢慢磨掉了，變得溫和而欠缺熱情，世故卻不再勇敢，圓融但少了尖銳，當被問到現在的我，反對什麼？真可惡，竟有種啞口無言的尷尬鬱悶。

反對，永遠比贊成來得有個性。從今天起，我要站回反對的一方，造反有理，革命無罪，我反對，我抗議，我叛逆，因為我反對，所以我存在。

Where's Flower

她覺得花，不應該有過多的目的、意圖和設計性，
不應該只為了特殊的時機場合而存在，
應該回到自然，
自然而然地盛開在尋常的生活之中。

玫瑰、白色海芋、紫紅色海芋、飛燕、綠琥珀桔梗、茶花葉、明治斑葉、茉莉葉、尤佳利葉、馬醉木、白色矢車菊、瑪格麗特、陸蓮花、宮燈花、紫色水仙百合、長春花、翠珠、銀翅花、小麥草、火龍果、東亞蘭、伯利恆之星、綠色火鶴、卡斯比亞、粉色矢車菊、淺紫桔梗、夜來香、臘梅，光讀這些名字，就已經美不勝收了。

這是前些日子一位作家長輩新書發表，我請公司同事，也是我們 Where's 大智若餘樂團的 keyboard 手 Where 創作的花束。那本書裡有二十八篇散文，於是我們決定用二十八種不同的花卉去做，「沒弄過這樣的花耶！」她語帶興奮微笑著，一副天生就愛接受挑戰的樣子。因為聽過她寫的歌，自然對她做的花非常有信心，但拿到成品那天，還是讓我驚豔不已，我記得當時我的形容是「有一種充滿無限可能的美好」。長輩收到花，果然好喜歡，一直誇說：「不只是美而已。」對，不只是美而已，Where 的花裡，到底還有什麼樣的東西呢？

二〇〇八那年，Where 因為工作壓力的關係，生了一場不明的怪病，身體和心情的狀況都很糟，她決定暫時停下工作，去做一件自己喜歡的，跟賺錢無關的，沒有目的性的事情。她想到花，從小她就喜歡的花，花總是沒來由地讓自己開心，她直覺想把美的東西弄成更美麗的樣子。她先去住家附近的花店打工，然後找了老師，學習專業的花藝，老師每教一種技法，她就跑去內湖花市採購一大堆花材，把自己關在家裡，不吃飯不睡覺，練習用相同的技法，融入自己的感覺想像，衍生創作出四、五種不同的花束，這段瘋狂的日子，她快速累積提升了對花材和技法的熟悉度。說也奇怪，那怪病竟在這半年之內不藥而癒，她笑說，這應該就是花草治療吧。

有次妹妹的朋友到家裡，看到滿屋子美麗的花，一直拜託說想買一束，Where 拗不過只好用很便宜的成本價給她，那是她第一次賣花，從此她

的練習品，就經常用這樣的方式造福身邊的親朋好友。一次又一次看到自己做的美麗花束，在人們臉上綻出幸福的表情，讓她產生了成就感和自信心，她開始在Facebook上po訊息，週末午后約在東區的咖啡店，她會帶著那週二、三十束的練習品，讓有緣份、有興趣的人便宜買回家。我能想像在咖啡店斜射的陽光下，一個漂亮女生帶著自己做的花，一群人圍著她……那畫面真美，這樣獨特的賣花方式，很快就在網路上流傳開來，漸漸地開始有人跟她訂花，花藝這件事，就從習作變成了創作。

起初是部落格，後來是臉書粉絲專頁，現在的她一邊工作，一邊在網路上賣花，接受委託。「每一個跟我買花的朋友或客人，一定都有滿滿的心意想要傳達，或是要求婚，或是要結婚，或是要祝福，我每次都在接訂、構思創作還有交付花作品的過程中，從訂花的人，從被贈與的對象，獲得滿滿的能量。」Where說這很像我形容的充滿無限可能的美好。她會很認真地詢問客人，送花對象的個性、喜好甚至長相，他們之間的情感，有什麼故事，然後用心去感受思考，他會想收到怎樣的一束花。身為一個花藝創作者，可以參與人和人之間的一段關係，幫助別人完成一份心意，並在其中得到回饋，那讓她覺得幸運，很感恩。難怪，朋友都說她的花，不只有香味，還有一種人味。

這讓我想起二十八種花中的那一枝夜來香……那天我手捧鮮花站在新書發表會的現場，對害羞的我來說，本來就夠尷尬彆扭了，竟然還有位大叔湊上來問，好香喔，等一下是要求婚嗎？Where聽了哈哈大笑，她說其

實不是每種花都有香味的，一般人看到花就靠過去聞，大部份的時候都會失望，所以她在配花時想著，我是要送給一個重要的人，當她拿到花時最好有香味，美麗的花配上香味，心情一定更好，於是她故意放了一枝夜來香，夜來香不能放太多，多了就膩了。

除了用心，投入感情，我還想在Where的花裡頭，找到更特別的創意觀點。我有點嚴肅地問，對花這個創作事業，她的理念是什麼？她的答案讓我豁然開朗，她希望能用花提升人們生活的質感和美學。雖然找她做花的大部份都有一個送人的需求或用途，甚至她訂單中最多的就是婚禮捧花，但老實說，她覺得花，不應該有過多的目的、意圖和設計性，不應該只為了特殊的時機場合而存在，應該回到自然，自然而然地盛開在尋常的

生活之中。而起源於一八一二年歐洲的花卉藝術，起初的概念其實就是花園的縮影，意在將美麗的生命延續到生活之中。花是一個國家、社會對美感的指標，她在巴黎瑪黑區花店打工見習的時候，店家會準備小單子讓顧客寫下買花的原因，大多數人寫的都是"pour mon plaisir"，她好想大家都像這樣，沒有什麼目的，單純就為了快樂，把花帶回家美好自己的生活。

花的美麗，渾然天成，那是畫匠調不出的顏色，設計家勾不出的形狀，調香師混不出的氣味，千姿百態，都叫人賞心悅目，卻找不出它有任何的目的性。就像Where當初開始創作的原因「自己喜歡的，跟賺錢無關的，沒有目的性的事」，就像她想將花藝回歸到最簡單自然的生活美學，就像巴黎人在小單子上寫的"pour mon plaisir"，這一切都像康德對美的定義「無目的性而使人快樂」。以前我一直在與美學相關的創作，包括廣告、設計甚至純藝術中，檢視是否真有這樣完全不帶有動機的、無私又純粹的美存在，現在，終於在Where的花裡找到答案。

對了，她的網路花店就叫Where's Flower，意思是Where的花，我想也是在尋找，美麗的花究竟存在人們生活中或是心中的哪裡？

大衛像與落跑蘿蔔

限制，其實沒有什麼不好，
也許那是上天給你的禮物。
如果說創意的本質是解決問題，
那麼限制就是讓問題不一樣的重要因素。

慈愛的聖母懷抱著將死的耶穌，一切的苦難折磨，都在她懷中得到最終的安慰和救贖。聖母的臉龐哀傷而柔美，寬大衣袍展開栩栩如生的皺褶細節，包覆著神情堪憐卻異常安詳的耶穌，那皮膚底下的肌肉鬆弛了，血脈依然孱弱流動著。我在原地佇立許久，感動湧上心頭，那不只是宗教的意涵，更是人性飽滿的情感，我多麼希望靜躺在那裡頭的是我，可以全然地放鬆，安穩地陷落，在氣力放盡之際，得到安慰和救贖。

國立歷史博物館正進行米開朗基羅文藝復興巨匠再現的特展，米開朗基羅二十四歲時就在羅馬雕出這件驚世之作「聖殤」，三年後他在佛羅倫斯市民的期待下，接受委託著手另一件經典鉅作「大衛」。「大衛」的原石是一塊產自托斯卡尼北部的卡拉拉大理石，在米開朗基羅雕塑它之前，它已經在歷史的角落靜靜等待了三十五年，原因是這塊石頭切割得很糟糕，又高又薄，而且不太乾淨，在搬運過程中甚至還摔出裂痕，前來評估接案的藝術家都大為苦惱，沒人願意接下這個爛攤子。然而米開朗基羅卻欣然接下工作，他在這塊前途黯淡的石頭裡，看到大衛的靈魂，並且把他釋放出來。依著原石的限制，米開朗基羅跳脫古典形式的靜態平衡，試著將

「大衛」的頭部、身體和大腿以不同的方向旋轉，並微微向前傾，結果使得「大衛」得到某種出乎意料的張力，他像是一位充滿活力的英勇少年，正凝聚所有能量，瞄準著巨人歌利亞，他的敵人，準備隨時奮力一搏。偉大的雕刻家接受限制，再突破限制，最後創造了經典。

我想起前陣子在日本爆紅的「落跑蘿蔔」。在兵庫縣務農的柴田小姐，每到採收期時幾乎天天都要洗選蘿蔔，又白又直的良品才能出貨。有天，面對眼前一顆形狀歪七扭八，長得十分抱歉的「NG 蘿蔔」，她突發奇想，蘿蔔葉好像復古龐克頭，多出的根部好像兩條腿在跑，後頭找個人手拿菜刀，就創造出蘿蔔逃之夭夭的 KUSO 照片。她把一系列的故事照片 po 上網路，原本很 NG 的主角，就這樣一路從家鄉爆紅到東京，成為日本家喻戶曉的蔬菜明星。

「落跑蘿蔔」本尊現身東京地方特產專賣店巡回展示時，店外擠滿搶著拍照的熱情粉絲；沒多久，受歡迎的他還趁熱推出了專屬月曆；連帶家鄉田裡持續被挖掘的芭蕾蘿蔔、情侶蘿蔔等後起之秀，也紛紛走紅。先天條件受限的NG蘿蔔，透過柴田小姐的創意，成為形狀獨特的、有故事的蘿蔔，不只幫辛勤務農的工作找到樂子，也為苦悶的大眾帶來娛樂話題，更成了行銷地方農產的絕佳宣傳。

「落跑蘿蔔」之於柴田小姐，一如「大衛像」之於米開朗基羅。面對限制，創作者沒有選擇放棄、投降，而是欣然接受，甚至擁抱它。這和我們以前所知道的，創意必須天馬行空，不理會任何限制的道理，好像很不一樣，簡直是背道而馳。

多年前我幫 eBay 做過一系列談購物安全保障的電視廣告，當時的市場行情一支 TVC 的製作預算動輒三、四百萬，而客戶口袋卻只有一百萬，還拜託我們做兩支片子。我們在抱怨和無奈中接下工作，沒錢的限制下只好找沒錢的作法，我們想到用拍賣網路的簡單符號，包括手指游標、禮物和槌子來表現，透過 Flash 動畫就能執行。最後我們用一百萬，做出四支片子，還拿了那年 4A 創意獎「最佳低成本廣告」的金獎，那是我第一次在廣告獎中獲得金獎，上台領獎時我的感言是，謝謝客戶給我們這麼少的錢，讓我們可以得到這個獎。

當年的全聯福利中心，沒有醒目招牌、沒有附設停車場、沒有寬敞走道、沒有舒適裝潢、沒有漂亮制服、沒有宅配服務，連刷卡機也沒有，我們沒有閃避這一大堆的缺點限制，反而讓它們成為絕佳的廣告素材，最強有力的證據，用來告訴消費者，讓他們相信「我們省下錢，給你更便宜的價格」。

加拿大規定廣告中不准提及藥品療效，但做威而剛的創意人沒有束手就擒，他們善用了這個法規限制，發展出一系列中年男女用外星祕語談論威而剛的片子，從他們眉飛色舞的表情，激動興奮的手勢，你就知道威而剛有多厲害，廣告造成轟動，幫助銷售，並且贏得大獎。

限制，其實沒有什麼不好，也許那是上天給你的禮物。如果說創意的本質是解決問題，那麼限制就是讓問題不一樣的重要因素。一樣的問題，容易得到千篇一律的答案，相反的，因為種種限制而不同的問題，在先天上就比較有機會產出與眾不同的創意。創意人不妨試著這樣去思考，全世界只有我正遭遇到這樣的限制，只有我正面臨這樣的問題，所以，我很幸運，我很可能做出別人做不出的東西。

大多數的創意人，都討厭被限制，遇到限制，我們往往會抱怨、逃避、抗拒甚至假裝沒看見，於是，我們就只能是「大多數的創意人」，一點也不獨特。讓我們學一下米開朗基羅吧，就算學不來也可以學學柴田小姐呀，學習擁抱限制，擁抱上天賜給我們的獨特條件，努力創作與眾不同的作品。突然想把前幾天組內 copywriter 阿力被客戶稱讚的文案，拿來偷改一下：「年輕人不要怨天尤人，懂得擁抱限制，才是聰明人。」共勉之。

當我遇見
我自己

二〇一三年的四月天，我去做了一件，我一直想做的事情。

我一個人，花了二十一天的時間，開車環島，每天在不同的城市，挑選一條適合的路線，進行平均大概十公里的跑步，然後寫下三千字左右類似跑步日誌的散文，有點像用跑步收集台灣各地，完成了一本書名暫定為《我在跑步》的書。

我放下工作，放下生活中的瑣事，跟《革命前夕的摩托車日記》、《阿拉斯加之死》和《一個人的旅行》那幾本被拍成電影的書一樣，一個人踏上這趟跑步的旅程。一個人跑步，一個人寫作，一個人開車，一個人拍照，一個人吃飯，一個人喝咖啡，一個人聽音樂，一個人睡覺……什麼都是一個人，甚至幾乎刻意斷絕了跟外界的所有聯繫。我在大概確定的行程中，保留了很大部份的不確定，把許多事情交給上天安排，好讓超乎期待的驚喜可以自然發生。整個過程，像在追逐，也像在流浪；像在放空，也像在充電；像在探索世界，更像在找尋自我。

我一直覺得，創作在本質上，就是一種抒發或實現自我的行為。透過不同的形式、平台、媒材或技術，我們把蘊藏在身體裡的知識、經驗、理念、態度、情感、慾望和想像，挖掘、釋放並且呈現出來，創造意義，並賦予觀點價值，一切都不是憑空，一切都植基於自身的既存。

於是，找到自己，和自己相處，跟自己對話，變得很必要，因為所謂的

在心中太陽升起的地方

找到自己，
和自己相處，
跟自己對話，
變得很必要，
因為所謂的自己，
或許正是創意最豐富
的礦脈。

自己，或許正是創意最豐富的礦脈。想一想，你有多久沒有遇見那個真正的自己了？又或者在人前，在日復一日的工作、生活中，你所看到的自己，是百分之多少的自己？朋友問我，寫跑步書的目的是什麼，這個題目真的很難明確回答，因為我的目的好像並不在這本書上，而是在這整件事情，整個旅程之中。我想，我要做的，其實就是找自己。

跑步，是用「吸吸吐～吸吸吐～」的固定呼吸節奏，搭配左腳右腳左手右手，重覆而一致的動作，不斷往前，讓人進入一種律動卻寧靜的獨處狀態，在那個狀態下，可以清楚聽見自己身體和心裡的聲音。而旅行，是藉由觀看外在的世界，去反視內在的自我，讓個體和世界得以相互印證，產生化學作用，用所知所想去感受詮釋沿途的風景，也把所見所聞內化成自身的能量養份。至於寫作，則是一種極度沉澱的自我反思，先用筆尖探鑿到內心的最深處，細膩地耙梳整理之後，再以精確的文字把自己表述出來。

對我來說，跑步、旅行和寫作，都是很個人，很自我，必須全然，或者至少盡可能誠實面對自己的事情。它們之所以迷人，是可以用很超現實的方式，去接近體會那個真實的我自己。一本《我在跑步》的出書計畫，把三件我喜愛的事情結合在一起，真是奢侈又過癮的幸福。

一路上，我收到一份又一份美好的禮物。冒著雨跑在八里的左岸，下雨天，整條路都是我的。出生地桃園天主教聖保祿醫院附近的跑步，帶我回到生命最初的起點。在後龍的灣瓦，巨大的白色風車緩慢旋轉，我跑進有如童話或電影般的神祕場景。在清泉崗空軍基地的大雨中奔跑，當兵時的青春記憶被喚醒，我告訴自己要永遠保有年輕的心靈。夜跑田尾的燈海，彷彿航行在美麗而迷幻的銀河星系。跑在關廟的鳳梨田間，鳳梨一直來，我相信好運也會一直來。深夜墾丁龍磐草原的無人公路，沒有一點光，我跑過自己內心最恐懼的黑暗。太麻里的跑步，日出遲到了，我卻看見心中太陽升起的地方。池上一望無際的稻田，跑起來就像一片綠色的汪洋，充滿生命力。綠島的環島跑步，我在孤獨裡頭，發現自己其實一點也不孤獨。呼吸著和平的空氣，在花蓮秀林鄉的和平村，我是一個和平的跑者。赤足跑在烏石港的沙地上，腳踏實地感受著每一步踩下去，地球給我的回應……

經歷了一個人、二十一天的跑步旅程之後，我有點依依不捨地回到現實

世界。真要說起來，就像三十歲那年我一個人隻身前往澳洲一個多月回來時那樣，此刻的我，其實還不大知道，在這趟旅程中，我找到的自己是什麼，我改變了什麼，獲得了什麼；但我很清楚，也很確信，我一定找到了某部份的自己，一定改變了什麼，獲得了什麼，而那些，都會在我之後的人生，和接下來的創作中，帶來令人意想不到的影響，是真的，我很興奮地期待著。

創意的世界很大，但千萬不要因此而小看自己。在汲汲營營向外尋找靈感、蒐集素材的同時，別忘了也要靜下心，好好探索自己內在擁有的寶藏。找一段時間，找一種方式，一個人，勇敢地出走，暫時地逃離，去找那個好久不見的自己吧！

生日快樂，
藍戰士！

創意有時候是要為枯燥無味的事物找到靈魂，
生動它，也充實它，
而擬人化，
似乎經常能達成這樣的目的。

六月十日，是跟我一樣雙子座、屬龍的藍戰士，滿二十五歲的生日，我和我 team 的組員們，買了蛋糕，點上蠟燭，圍著他，不管路人的異樣眼光，為他唱了生日快樂歌。那天晚上，會說德文的朋友，還傳了語音訊息，用他的家鄉話跟他說了很好聽的 Alles Gute Zum Geburtstag（生日快樂）。

藍戰士是一九八八年誕生在德國Wolfsburg的一部Volkswagen GOLF二代8V GTI，方正硬朗的外型，經典的四圓燈水箱罩，靛藍色的車身四周滾著暗紅色的性感飾條，零到一百公里加速只要七點四秒，是那個年代小鋼炮的代表。叫他藍戰士是因為前車主，我的好友Kit，年輕時很喜歡泰迪羅賓當年的一個樂團Blue Jeans，中譯就是藍戰士，我在車上經常放他們的CD……給他聽。

我喜歡在假日的時候跟他一起上路，手握觸感一流的高爾夫球排檔頭，雙腳在離合器和油門間交替踩踏，風馳電掣，享受隨傳隨到的豐沛動力。除了絕佳的操控和令人愉悅的性能，他的脾氣倒是不小，相當有個性，不開心的時候他會鬧彆扭，甚至罷工，有次紅燈停下車，不過是多看了幾眼身旁的另一輛車子，他一吃醋，就無緣無故熄火了。但我們有我們的溝通方式，只要握住方向盤，或是撫摸引擎蓋，說幾句好話，讚美也好，鼓勵也好，經常都能言歸於好，重新上路。

朋友說從我看他的眼神，看得出我是真的愛他。我是真的愛他呀，他跟了我七年多，我從沒把他當車看，我把他當朋友，當成我弟弟（甚至，有時還會用他的名義，跟朋友 Whatsapp 互傳訊息）。除了藍戰士，我開過的車，都有名字，黑狗、大銀家和黑森林，我的腳踏車也叫白巨人，我的電腦、音響、相機、旅行箱……在我身邊許許多多的東西，都有自己的名字、身份和個性，他們和我之間，發生一段又一段的感情和故事。

這不是妄想症或精神病，這叫擬人化，在修辭學中屬於轉化的一種，定義是「將無生命的物品人格化」。簡單說，就是把物件比擬成一個人，賦予他生命，然後去想，他會是個什麼樣的人，有什麼樣的個性、態度和情緒，他該有的樣子，他習慣的思考和行為模式，於是，物件從原本的平凡變得充滿想像，冰冷也開始有了溫度。

有兩支我非常喜歡的廣告影片，都運用了擬人化這個手法。一個是德國電力公司的廣告，他們把風，變成風先生，一個很麻煩的傢伙，喜歡捉弄人，撥亂婦人的頭髮，掀女生裙子，把門窗甩得砰砰作響，打掉老紳士的帽子，把花盆推下樓嚇唬路人，拿沙子丟在小孩臉上……大家都很討厭他，直到有一天，他遇上電力公司的人，給了他一份工作，從此之後，他轉動著風力發電的白色風車，開始造福人群，變成一個有用的人，廣告結語是：「讓我們把風的力量，用在對的地方。」這是不是讓風力發電這件事，變得好浪漫、好溫暖、好有人情味？

另一個是IKEA的廣告，一個男生在大掃除後把家裡老舊的檯燈丟到屋外，被遺棄的檯燈一個人兀自佇立在廢物堆中，望著曾經溫暖的家，任憑日曬風吹雨淋，哀傷的音樂吹奏著，夜深了，在昏黃的路燈下，檯燈彎著脖子，低著頭，一副楚楚可憐的模樣，讓人鼻酸，心生同情，為他不捨，正當主人想改變心意把他接回家時，理智又客觀的旁白突然冒出來，給觀眾當頭棒喝：「別傻了，它不過就是個檯燈而已，想換就換吧！」雖然，廣告的目的是要消費者汰舊換新，但我看完反而更捨不得那盞檯燈，甚至會想起自己身邊那些日久生情的老東西。

這就是擬人化的力量，當一個人，面對一個「人」的時候，自然會比較容易想親近他、和他互動，然後發生關係，可以交朋友、搏感情甚至談戀愛，一切都會變得輕鬆、自在而有趣。

有天早上，朋友K君的爸爸問他：「你每天這麼晚出門，上班來得及嗎？不會遲到嗎？」他回說：「OK啦，小黃會來載我！」他出門之後，一臉疑惑的爸爸終於忍不住，開口問了媽媽：「那個小黃係蝦米郎？」這不是笑話，這是一個真實發生的搞笑故事，想一想，如果K君一開始說的是計程車，那多無聊。

我覺得創意有時候是要為枯燥無味的事物找到靈魂，生動它，也充實它，而擬人化，似乎經常能達成這樣的目的。當我們在思考創意的時候，不妨試著把一個品牌、一件商品、一項服務、一座城市、一棟建築、一場活動甚至一種觀念，想像成一個人，相信那會為你帶來意想不到的靈感。

兩年前在做多喝水十五週年的案子時，心裡一直懷疑，廠商的幾週年，到底關消費者什麼事？結果，我們就是把多喝水當成一個人，讓十五週年變成他的十五歲生日，一個不管過去現在未來，每個人生命中都會經歷的美好年份。我們辦了一場十五影展，拍攝十五支影片，用十五個關於十五歲的故事，收藏紀念十五種青春正盛的態度，誠實、絕對、純真、簡單、信念、勇敢、浪漫、熱血、夢想、瘋狂、自由、認真、正義、堅強、好奇，十五歲的多喝水很認真地說著：「不管我們幾歲，永遠要活得像十五歲。」這是我做過最喜歡的作品之一。

擬人化，也許是老梗了，但對我來說卻很好用，也很耐用，因為什麼事情一旦跟「人」扯上關係，往往都會有完沒完地扯出無限可能。老梗總能變出新把戲，不信你試試看。

微電影與巨廣告

廣告商們還是可以懷有拍攝微電影的偉大願景，
但既然是微電影，
就請記得，
不要想在裡面突兀地擺進企業商標或產品。

「你要不要再想想看，我們搞不好可以來弄一個微電影？」

這是前一陣子，提案差不多結束時，某個客戶問我的問題。不僅如此，在最近的最近，這類型的要求，出現在我廣告工作環境中的頻率，真的可以用層出不窮來形容。如果上網去搜尋，更會發現，各式各樣的微電影網站、平台，就像雨後春筍般冒出來，一時之間，「來弄一個微電影」好像變成一個很夯的流行。

微電影的濫觴，是因為電影在拍攝製作的過程中，需要耗費的規模、預算和時間太過龐大，於是誕生了一種微型化的嘗試，創作者採用比較簡易的拍攝器材，相對低階的成像規格，縮減影片的篇幅長度，製作出帶有故事性的短片，並透過網路、光碟、小型放映場所甚至智慧型手機等新興媒介播放，好讓靈感和想法得以在有限的資源和快速的時間下完成，並且順利地發表傳遞出去；又或者有時候，也可以作為導演在拍攝完整長片前的試拍、準備。那通常是學生、個人或獨立製片，由非營利組織、贊助商或政府補助，在低成本，甚至沒有任何成本下所產出的獨立作品。

後來，廣告商發現並且介入這種創作型態之後，遊戲規則就改變了。一開始，也是最有名的例子，是 BMW 省下傳統的電視媒體刊播費用，拿出全年廣告預算百分之七十五的大把鈔票，找來李安、王家衛、Guy Ritchie、John Frankheimer 和 Alejandro Conzalez Inarritu 等五位大導演，拍攝以英國男星 Cliff Owen 為男主角的系列網路廣告影片《The Hire》，這個聰明大膽的 campaign 獲得了前所未有的成功，坎城廣告獎甚至特別新增了最高榮譽的鈦獅獎頒給它，該獎項並且一直沿用至今，用來鼓勵那些在形式上突破創新和無法被歸類的「廣告」。

這樣說很不好意思，但事實就是如此……於是，廣告的魔手，就伸進微電影的世界了。有了成功的甜頭，見獵心喜的廣告商們挾著大量的資源，還有拍攝影片的相關專業和豐富經驗，前仆後繼地投入微電影的世界，但這裡頭並沒有什麼創作的理想，著眼的其實只是商業的目的，因為相對於電視廣告，在網路上，微電影的秒數好長好長，可以放進好多好多訊息，以前塞不下的訊息，而且還可以透過banner、關鍵字等新的媒體購買模式，大大增加影片在網路世界的能見度。

但這真的還算是微電影嗎？

基本上，廣告是由廣告主出資，拍攝能夠傳遞品牌或產品訊息的影片，然後透過購買時段或運用各種手段，找上特定觀眾，也就是目標消費者。

由於商業利益的本質和動機，廣告的存在，經常會成為一種令人反感的打擾。那電影呢？電影是自主性的原生創作，透過故事，去反映人生、心境、情感和社會關懷，而觀眾不管是買票進戲院也好，租DVD也好，或是上網點閱，都是出於主動的心甘情願，那份觀看的興趣和慾望，就變得非常重要。

而我覺得，在正常的狀態下，應該是沒有什麼人，會好想主動去收看一個廠商提供的商業訊息吧。又或者，當人們抱著期待的心情，去欣賞一部所謂的微電影，結果卻在裡頭看見討人厭的商業訊息，朝他襲捲而來，那種上當受騙的感覺，應該會叫人相當不是滋味，很賭爛吧。

所以我想說的是，由於製作技術的革新和媒體環境的改變，讓廣告得以加長原本受限的篇幅，而電影得以收縮原本龐大的規模，但請不要因為都是短小的影片，就把它們混為一談，統統叫做「微電影」。事實上，許多被稱為微電影的東西，充其量，只能叫做「巨廣告」，就是比較長、比較巨大的廣告而已。因為廣告就是廣告，再怎麼粉飾偽裝，永遠沒辦法被稱為電影，不如說是「偽電影」還比較貼切。

當然，廣告商們還是可以懷有拍攝微電影的偉大願景，但既然是微電影，就請記得，不要想在裡面突兀地擺進企業商標或產品，甚至用對白或情節，去帶出產品的功能，或者傳遞品牌的精神；也就是說，要放棄一切的商業意圖，那才有可能開始配被稱為電影。不然那樣用大把鈔票、大筆資源，運作製片產業和媒體機器，粗暴地綁架電影的旗幟名號，欺騙消費者的情感興趣，污染觀眾純真的眼睛，還以為自己走在行銷趨勢的潮流尖端，真的是可笑、可惡、可恥又可悲的事情。

至於，我們在多喝水十五週年時做的十五影展，也被當前世俗的標準歸類為微電影領域的相關案例作品，真的有點不好意思。當時，我們跟大氣又可愛的客戶味丹之間，有著這樣的共識，多喝水的商品，只在片中自然無感地出現，其中沈可尚導演拍攝的部份，甚至完全沒有出現。十五支影片說的不是水，而是十五個關於十五歲的故事，十五種青春美好的生命態度。那它到底是微電影還是巨廣告？說真的，我也不知道，留給大家公評，但我個人還是不敢稱它為電影，所以在所有的文宣中，我們從沒用過「電影」這個詞，我們只用了「影片」。

「你要不要想想看，我們搞不好可以來弄一個微電影？」客戶問，我的回答是：「你知道什麼是微電影嗎？」當然心裡還夾帶著一大堆的圈圈叉叉，拜託你們好好做你們的廣告，不要再消費，或者是污染電影這個名詞了，好嗎？

這是義大利麵，
不要偏離主題

第一次是一年前的四月，我到南京長安之間的龍江路上買東西，恰巧經過一間相當不起眼的義大利麵店，那不起眼的程度，好像根本不希望有人知道這邊有間店，也沒有真的想要賣東西給你吃的樣子。我的直覺告訴我，做吃的能有這等的個性和自信，口味一定不差。於是，我好奇地坐進去，大概就四、五坪大吧，不到十個位子，說是賣義大利麵，裡頭反而更像傳統麵攤，牆面有些許斑駁也完全不予理會，與其說是簡單，不如說是簡陋。

老闆來了，看起來是五十歲左右的歐吉桑，他說：「一個人嗎？我們這裡不賣喔。」叫我看看旁邊兩桌，真的都是一對一對的，我嘴巴張得大大的，幾乎就要起身離開了，他才說是開玩笑的。我有點尷尬也有點火大，

你可以很有創意、很有想法，
你可以改變任何事情，
但請記住，
唯一不能改變的，
是味道，
端上桌就是義大利的味道，
不能變成台味。

點了最讓我好奇的「培根陳醋麵疙瘩」，「這個不賣男生，只賣孕婦。」他指著鄰桌的孕婦說。我說：「蛤～」他才又說是騙我的。所以麵上桌時，惱羞成怒的我是抱著「最好是很好吃……」的挑剔心態吃下第一口的，但那一口，就讓我徹底地原諒他了。陳年的義大利葡萄香料醋，搭上簡單的帕瑪森起司，竟是絕配，把我不愛的培根都變好吃了，那個義式麵疙瘩咬起來軟Q帶勁，還滿滿地吸附了陳醋酸中帶嗆的滋味，整個驚豔著我的味蕾，真的沒吃過，沒吃過這麼特別卻簡單，這麼奇怪卻好吃的義大利麵……雖然寫得有點像誇張的美食節目，但請相信我，確實是這樣沒錯。

第二次是跟組員們一起去的，這次老闆的絕妙台詞是：「想吃什麼跟我說，你們的夢想都會實現！」我點了「彩椒鮮蝦義大利麵」spaghetti和penne兩種麵混搭，有六隻新鮮白蝦，奶油底的醬汁用蝦膏提味，再撒上清爽微酸的香料茵陳蒿，一樣沒讓我失望。吃完各自點的東西後，意猶未盡的我們決定加碼合點一份「魚子醬藍紋起司疙瘩」一起吃，結果，實在太令人驚喜了，除了魚子醬和藍紋起司的天作之合配上嚼勁十足的麵疙瘩，最強的是，每吃一口都有新發現，荸薺、百合、銀杏、秋葵、杏鮑菇、黑木耳和洋蔥，想都想不到竟會出現在義大利麵裡面，而且是如此完美地融入其中。這是歐廚的經典，別的地方保證吃不到，不只是廚藝而已，實在太有創意了！當時我心裡想著，哪一天一定要好好跟老闆聊聊，把他寫進專欄。

沒想到這一天，一直到一年後的九月才到來。完全看不出實際年齡已經六十二歲的黃老闆Tony，在從事餐飲業之前，做過完全不搭軋的證券分析師和時尚精品代理，都有十幾年以上的資歷，一個讓他學會科學客觀的邏輯分析，一個培養了他的品味、美感，還有對新事物的接受度。他說做什麼其實都是相通的，在足夠的體會和經驗之後，會產生一種sense，你會知道標準在哪，懂得自我要求。摩羯座的他覺得自己不夠聰明，所以總是努力去學，認真去做，因為用了心，就會有ㄜ，然後把感覺和感情融進去，深度和新意就會出來。難怪，我就覺得他的義大利麵就是有深度又有新意。

一九九七年結束時尚精品代理生意的時候，依著長久以來對歐洲的認

識，Tony前往義大利研習考察餐飲料理三個月，回台後在四維路開了歐廚餐廳，賣排餐也賣義大利麵，走中高價位，據說擁有宛如夜店般的五星級豪華裝潢。不料幾年後遇上金融風暴的不景氣，餐廳慘賠被迫倒閉，但元氣大傷的他並沒有被打倒，在幾乎一無所有的限制下，他拿老爸位在八德路一樓老舊狹小的宿舍當店面重新出發，專賣義大利麵，沒錢裝潢就一切從簡，請不起人只好校長兼撞鐘什麼都自己來。

沒想到這樣的窮則變變則通，讓他得以更專注在義大利麵的料理本身，並且親自照顧每一位客人的口味喜好，用平實的外在條件，提供低價位卻有好品質的用餐享受，跟他自己口中當年的虛華路線完全不同，就像我走進來吃下第一口時的那種反差和驚豔成為他的特色，現在店遷到龍江路仍然維持著同樣的風格，店名是相當貼切的「歐廚ㄨˇㄒㄧㄥㄐㄧˊ義大利麵」意思是有省錢啦，他的經營哲學讓我想起我可愛的客戶，全聯福利中心。

因為全心投入，Tony對義大利麵的經驗和心得越發深刻，所謂的fu就出來了，他把感覺和感情放進去，在小店裡展開了一場義大利麵的改革、再進化。他說義大利麵源自中國可不是他亂講的，這是專家考證之後不爭的事實，今天他在台灣再用中式料理的觀念去革新它，真是件有緣份又有意思的事，包括手法、工序、廚具和食材都被他因地制宜融入了在地精神。

他捨棄義式平鍋，改用中式快炒鍋，那特有的深度和火候，帶來了節省時間和增加產量的好結果；那道經典的魚子醬藍紋起司疙瘩裡，荸薺、百合、銀杏、秋葵、杏鮑菇和黑木耳全都不是義大利來的，而是正港的台灣本土生產，他說這樣的創意裡頭其實有很多巧思，比方說荸薺就帶來了脆、甜的口感，銀杏除了優雅的黃色還提供一種高級感，而秋葵不僅綠得很有活力更被他當成增強粘稠度的最佳天然塑化劑……更厲害的是這些local的食材不但便宜又容易取得，一個idea，就把營養均衡、顏色調配、成本控制和嘴裡心中的感受統統顧到了。

Tony說，你可以很有創意、很有想法，你可以改變任何事情，但請記住，唯一不能改變的，是味道，端上桌就是義大利的味道，不能變成台味，因為「我做的是義大利麵，不能偏離主題」。實在很有道理，這世上真的有許多人改革創新到最後，好像都忘記自己原本要做的到底是什麼了。

我說：「所以魚子醬藍紋起司疙瘩是你發明的？」「No!」他很講究用字、很堅持地說那不是發明，這些材料和手法原本就存在，他只是設計——重新組合了這些元素。還記得「創意是舊元素的新組合」嗎？套句最近很流行的話，如果這不是創意，什麼才是創意？

關於整間店只有一個人這件事他解釋說，他把這裡當成他的「義大利麵個人工作室」。明明是餐廳，為什麼是工作室？因為他不喜歡別人把他當廚師，他覺得自己不只是一個maker，他在這裡研究、實驗把義大利麵這件事變得更有深度和新意，「我產出的是idea，我應該算是一個創意人！」他是這樣說的。

「我沒被打倒過，也從來不沮喪，只要每天心裡有想做的新的東西，就會覺得很有希望。」他愛料理義大利麵，也愛那些在他落難時支持他的客人，除了圖文輸出掛在牆上的八道固定麵點，一旁的白板上還有十道手寫的依季節或自己心得不定期更新的創意麵點，如果久沒有推出新東西，他甚至會覺得對客人很愧疚。我想，他所謂的fu，或者說他的動力，應該就是對料理和客人的那份熱愛吧，難怪他的天王好朋友任賢齊在牆上的海報就寫著：「有愛的義大利麵」。我一直記得在陳玉勳導演的電影《總舖師》裡頭，吳念真飾演的憨人師說：「有心，菜就好呷！」有心就那麼厲害了，有愛還得了。

對不起，我們不是搞笑創意人

在這些因為所以裡頭，
天馬行空和大膽、瘋狂的部份當然有，
但更多的是紀律。
每一次都有清楚的命題和任務，
創意人員必須遵守規則，
想出獨特而出乎意料的點子……

「全聯福利中心中元節的廣告超搞笑的，請問這些無厘頭的『鬼點子』是怎麼蹦出來的？」廣告雜誌的記者這樣問。

我這樣答：「全聯想針對量販店兵家必爭的中元檔期做廣告，希望可以與眾不同，從所有的中元節廣告中跳出來。雖然鬼月談鬼是禁忌，我們卻反其道而行，大膽地將主題回歸到人們普遍遺忘的中元普渡真實意義『存好心，備好料，款待無家可歸的孤魂野鬼』彰顯並提醒這項傳統習俗背後的善良美好，這其實很像在做公益廣告，只是幫助的弱勢對象是鬼，也讓SP有了品牌的態度和高度。第一波廣告請出民俗專家司馬中原打頭陣，藉由他的權威身份闡述這樣的觀念，並套用他的經典台詞『西洋人怕鬼，中國人也怕鬼，但是中元節不要怕鬼，要愛鬼……』『感動喔，感動到了極點！』而促銷活動的命名就順道取了他名字的諧音『Smart中元』節；第二波由全聯先生接棒帶領民眾普渡祭拜示範如何愛鬼，idea就是『原本可怕的鬼卻被大家熱情招待』，『貞子』和『傑森』是刻意挑選的，因為他們是電影裡的角色，分別代表東洋和西方的鬼，而且早已發展成流行文化的符號，用意在於淡化人們的恐懼和忌諱。在執行過程中，導演羅景壬更是嚴謹又認真地拿捏著恐怖與感動、好笑與溫暖之間的分際，並在細節和 treatment 上為片子加分再加分……」

「喔～原來如此。」他原本興奮期待的表情稍稍平靜下來，看得出有點失望，我說：「跟你想的不一樣吧？這樣講起來蠻無聊的對不對？」他不好意思地說：「嘿嘿，有一點。」沒辦法，事實就是如此呀。

「全聯的廣告很 KUSO、很無厘頭」、「這些創意人真的很會搞笑耶」……說老實話，我一直對有人這樣評論全聯福利中心的廣告覺得很反感。

對我來說，所謂的KUSO和無厘頭指的是毫無來由地胡亂出招，而搞笑則是像小丑一樣裝瘋賣傻扮醜只為引人發噱，用這樣的層次看待全聯的廣告實在很不公平，也令人無法接受，可惜偏偏許多人都是這樣想的。

事實上從「找不到篇」開始，這八年來全聯福利中心所有的廣告，都是由客戶、account、planner、創意人員和導演，針對品牌定位、市場課題、消費者洞察、社會氛圍，擬定準確的策略信息，透過巧妙的創意轉換，並且控管執行調性，一連串的縝密思考運作之後才出手的，謀定而後動，每一招都其來有自，而且，每一拳都命中要害。

二〇〇六年的「找不到篇」，其實是來自市場調研中的發現，消費者對全聯福利中心的購物環境普遍感到不便，甚至有諸多詬病，在奧美和全聯經營團隊深入對話之後，我們才知道原來背後有不得不的可愛原因，他們想要盡可能節省各種成本去壓低售價，好讓消費者得到真正實質的好處——買到便宜的東西。感覺上好像大家都誤會全聯了，那就用廣告來告訴人們全聯最實在經營理念：「沒有XX，我們省下錢，給你更便宜的價格」，而第一個XX挑了「沒有醒目的招牌」。

然後我們想說，賣場通路不是都愛開旗艦店嗎？如果是用全聯這樣的經營理念去開，會長成什麼樣子？於是有了同年的第二支廣告片，一間什麼都沒有的「豪華旗艦店」，店面簡介式的類型化腳本需要一個主持人，全聯先生也就從此誕生了。

第一年的廣告獲得空前成功，但銷售成長到一個程度之後就遇到瓶頸停滯了。奧美和客戶一同透過訪查找出問題的癥結：太便宜的價格讓人懷疑商品的品質，加上前身是軍公教福利中心的歷史包袱，坊間竟流傳著各式各樣關於全聯福利中心販賣偷工減料、質量不佳次貨的不實謠言。那年的廣告有了清楚的目的和命題，要撥亂反正，向全世界澄清全聯賣的東西跟別人品質一樣，我們用了實證手法，針對米果、洗髮精和面紙進行煞有其事的比較實驗，明明是一模一樣的東西，結果當然是「實驗證明，便宜一樣有好貨」。這一年的成功，讓客戶對奧美和創意的價值更加信賴。

特殊課題解決後的第三年，傳播主軸回到賣場便宜省錢的本質，向消費者推廣愛護千元大鈔上的小朋友和珍惜五百元鈔票上的梅花鹿，來全聯福

利中心購物就是實踐「愛惜金錢」的美德。隔年，金融風暴來襲，我們卻在苦日子裡頭看到機會推出「國民省錢運動」，用有趣的體操教學強調在全聯購物的每一個動作都是省錢的運動，結果全聯的生意和規模都在不景氣中逆勢成長。

二〇一〇年客戶給的任務是衝刺全聯福利卡的發卡量。雖然回饋的比率和一般賣場的千分之三大同小異，但全聯的價格本來就比別人便宜，這麼便宜還能再省千分之三，於是策略準確定調為「省上加省」。我們推出全聯省錢教室廣告，示範各種省錢妙招，擠牙膏、吃蛋卷還有挖洗髮精，在你以為已經省到不能再省的時刻，福利卡會適時出現扮演神奇的關鍵角色，把省錢推到最高點，結語是：「省還要更省，請用全聯福利卡。」

前年客戶推出了生鮮服務，全聯好菜食譜的廣告運用當紅的美食節目形式，端出不怕吃苦瓜炒鹹蛋、萬人迷迭香煎鮭魚和原來我會燉雞湯三道好菜，呈現不同族群消費者下廚料理的動機和樂趣，吸引大家「來全聯，把生鮮變好菜」。

去年，則是在台灣經濟持續低迷，人民痛苦指數升高，甚至連夢想都不敢去講的大環境氛圍下，重新思考一個零售通路業龍頭應該要挺身承擔的社會意義和責任，推出「我的夢想」campaign，搭建一個夢想演講台，鼓勵民眾輪流站上台對全世界大聲說出自己的小小夢想。「在全聯省下的錢，你想做什麼？」六十位素人夢想家被挑選成為三十秒電視廣告的主角，同時也將原本企業本位思考的品牌slogan「實在真便宜」，進階為

全聯先生，他叫邱彥翔

從消費者角度出發的「買進美好生活」。

在這些因為所以裡頭，天馬行空和大膽、瘋狂的部份當然有，但更多的是紀律。每一次都有清楚的命題和任務，創意人員必須遵守規則，想出獨特而出乎意料的點子，準確地去回答它，並且嚴謹地控管執行細節，用幽默、有趣而可靠的調子把它呈現出來。最後，觀眾們就在電視機前的哈哈大笑中，印象深刻地接收到我們想說的，並且轉換成我們期待他們發生的行為。而最難得的是，我們幾乎每一次都在生意上達成、甚至超過預期的目標，全聯福利中心的廣告總是不只有趣，還能非常有效。

我記得我來奧美創意部上班的第一天，那時當了我七天老闆的 Canon

（吳佳蓉小姐）誇我在 interview 的時候表現不錯，她和當年的 ECD 老杜（杜致成先生）都覺得我是一個很理性思考、邏輯很強的人。我一聽，臉都綠了，心想這算哪門子稱讚？書裡不是都說創意人要很感性，思考要天馬行空很跳躍嗎？我覺得自己前途堪慮，完蛋了。大概是看到我臉色一沉吧，她趕忙補充道：「你不要覺得這樣不好喔，做創意，邏輯思考是很重要的。」當時，我想她不過是在安慰我罷了。

後來，我在奧美創意部十三年來工作的每一天，都在發現、印證並且更相信這件事——做創意，邏輯思考是很重要的。就像奧美副董事長阿桂（葉明桂先生）常常說的，我們是一支紀律的部隊，我們針對客戶真正的需要去找出有效的策略，我們重視 brief，我們嚴格地檢視創意的產出是不是 on brief，但我們也堅持要求自己做出創新、感動人心又具有影響力的好廣告。

我總是覺得所謂的創意就是在策略信息和原本看似不相干的表現內容（可能是一句話、一幅畫面、一個故事、一段演出或一種現象）之間，尋找到關聯性，搭建起一座橋樑，在這個過程中，垂直式的邏輯思考才是真正的關鍵，而創意人員必須先有能力做到這件事，才可能把手上的 case 或者是廣告這份工作和自己身上的創作能量相連結，也就是說先把事情做對，這座橋樑搭得越牢、越堅固，點子就可以跳得越遠、越意外，然後才有機會進入個人「才情」的競賽比拼，看誰可以把事情做得更好。

縝密、嚴謹、規則和紀律，這些和創意很不搭調的字眼不斷地出現，實在是因為這是我們這個行業完全不准有灰色地帶和模糊空間的本質，精準度和邏輯思考正是廣告創意工作和其他創意領域最大的不同。這樣的不同，讓廣告創意比創意簡單，因為我們有明確的方向可以依循，不必身陷十里迷霧，航行在幽暗的茫茫大海；但它同時也讓廣告創意比創意困難，因為一切的一切都必須被規範、被限制，我們只能在夾縫中艱苦地尋求自由和揮灑空間。

雖然這樣講起來有點嚴肅、沉重，但身為一個廣告創意人，我不得不說，基本上，這還是一份好玩的工作啦。

你「看見台灣」了嗎？

《看見台灣》大腳印　台灣阿布電影股份有限公司提供

透過這樣的觀看經驗，
我們對台灣的認識、理解和愛，
也因為換了角度，
正激烈地展開一場前所未有的內在反省，
甚至是革命。

十一月一日，齊柏林導演的電影《看見台灣》上映，三週票房累計已經突破七千萬，甚至一度打敗好萊塢大片《雷神索爾2》，成為台灣有史以來最賣座的紀錄片。名人的大力推薦、群眾的口碑相傳、媒體的熱烈報導、網路的話題延燒……你看過《看見台灣》了嗎？幾乎成了朋友見面時，必備的寒暄問候語。

身為一個台灣人，一個自認愛台灣的人，這件事就像某種儀式似的，非做不可，證嚴上人甚至說：「全世界的每個人都應該《看見台灣》。」我是在十一月十二日國父誕辰紀念日公司竟然放假的意外下午，進戲院「看見台灣」的，影片才一開始，群山層疊刻劃出深邃脈理、沙洲溼地反映著波光粼粼、冰川如羽梗般交織於雪白高原、蔚藍海岸環抱住墨綠潟湖、晨曦寧靜灑落在湖光山色之間……一幕幕令人驚豔的台灣之美，搭配動人心弦的樂聲，我就忍不住紅了眼眶。只靠著齊柏林拍攝的畫面、何國杰譜寫的音樂、吳念真口述的旁白，沒有劇情鋪陳，也不必精湛演技，卻能叫人鼻酸落淚，千萬別以為我是愛哭鬼，全場都是窸窸窣窣的啜泣聲，那是因為電影連結了我們對自己生長的土地猶如母親般的情感，很複雜，有感謝、有疼惜、有憐憫，也有愧疚。

在漆黑的戲院裡，我聽見驚豔的「哇」，也聽見氣憤的「嘖」，還聽見感嘆的「唉」。觀眾是揪著心，噙著淚看電影的，我們在裡頭看見我們從未見過的屬於台灣的最美，以及最醜——坍塌崩壞的裸露崖壁、泥沙淤積逐漸乾涸的水庫、怪手肆無忌憚掠奪砂石、退縮的海岸線堆滿難看的消坡塊、超抽地下水的邪惡管線恣意蔓延、流著血紅色廢水的恐怖河川、怵目驚心的垃圾掩埋場……那些貪婪索求和過度開發導致的人為破壞，我們在此刻感受著我們不曾經驗的美麗與哀愁。

這一切都是因為電影的視角。齊柏林，一個有懼高症的普通公務員，卻在退休前毅然決然辭職，放棄即將到手的退休金，甚至抵押房產，投入所有人都認為不可能的空拍台灣紀錄片計畫。三年多來，只要天氣好的時

《看見台灣》清水斷崖　台灣阿布電影股份有限公司提供

候，他就飛在我們頭頂上方的天空，累積了超過四百小時的直升機飛行時數，像傻瓜一樣執著地完成了他的理想——讓台灣真正被看見。

如同吳念真的旁白在電影開頭時說的：「請不要訝異，這就是我們的家園，台灣。如果你沒有看過，那是因為你站得不夠高。且讓我們化身一片雲、一隻鳥……」齊柏林飛上了那樣的高度，帶我們用嶄新的角度和視野「看見台灣」。就像英文的片名《Beyond Beauty –Taiwan From Above》，「Taiwan From Above」是說以鳥瞰的方式從高空往下看的台灣，而「Beyond Beauty」則是指這部紀錄片不僅展現了台灣的美，更有超出美之外的東西。那是什麼呢？我想，是被破壞的美吧！我們跟著齊柏林的攝影機，就像透過上帝的眼睛，看見美麗之外多數人看不見，或者不願去看的傷疤，一幕又一幕，充滿著力量，灼熱我們悲憫的胸襟，喚醒沉睡許久的良心，逼著我們開始質問自己，該如何真正去愛這塊餵養我們的土地，我們的母親。

《看見台灣》的視覺震撼，意外地讓原本視而不見的政府終於必須正視台灣土地超限利用的嚴重情形，行政院緊急成立了國土復育小組下鄉訪視片中提及的區域；也讓清境民宿的違建問題浮上檯面，產官學各界積極尋求解決之道；更讓日月光排入後勁溪的紅色重金屬鎳污水無所遁形，高雄市環保局開出罰單並勒令停工……這些，都可以說是創意的力量。

改變看一件事情、一個物體的「角度」，有時候會帶來意想不到的收獲，這是做創意時經常用而且很管用的方法。一般人總是習慣從固定的，或者跟隨大多數人的角度去觀看，一成不變的風景，只會造就不斷重複而了無新意的思考模式。另一個視角裡頭，卻藏著一個新鮮的世界，那裡有完全不同的感官和經驗，「換個角度」試試看，所謂的創意，那些你原本想都想不到的東西，和它所衍生出的意義，往往就在這個簡單的動作中自然誕生了。

今年的 4A 廣告創意獎頒出兩個評審團大獎，一個是奧美的「NIKE “Dance to Draw” AF1 Project」，另一個是我特別喜愛的偉太廣告的「媽媽監督核電聯盟——進食篇」，影片裡的媽媽在餵孩子吃飯，不小心掉到地上的食物，她就撿起來自己吃掉，旁白說：「把好的留給孩子，把不好的留給自己，這就是媽媽。」，接著嗶一聲畫面暗掉重來一次，媽媽竟然把掉到地上的食物，撿起來給孩子吃，自己卻吃著碗裡的好料，旁白說：「把不好的留給後代，把好的留給自己，這就是核電廠。」是人都知道，核電廠會把不好的留給後代子孫，換個角度去看，那又是誰，總是把好的留給小孩？於是就找到了核電廠和媽媽之間巧妙的比喻對照，聰明、簡單、勇敢而衝撞的創意，讓人想掌聲鼓勵。

《看見台灣》是齊柏林帶著傻勁的異想天開，他的 idea 是，換個角度，帶我們從空中「看見台灣」。而我感覺到，透過這樣的觀看經驗，我們對台灣的認識、理解和愛，也因為換了角度，正激烈地展開一場前所未有的內在反省，甚至是革命。

寫稿的同時，第五十屆金馬獎頒獎典禮正好將最佳紀錄片頒給了《看見台灣》，導演齊柏林以他一貫的謙沖斯文說著感言，拍這部片不是為了參加獎項，而是為了讓大家認識我們的土地，關懷我們的家園，他說，謝謝台灣！說得真好，而我也想用這些文字向《看見台灣》致上由衷的敬意，謝謝齊柏林！

漫遊徐冰@北美館

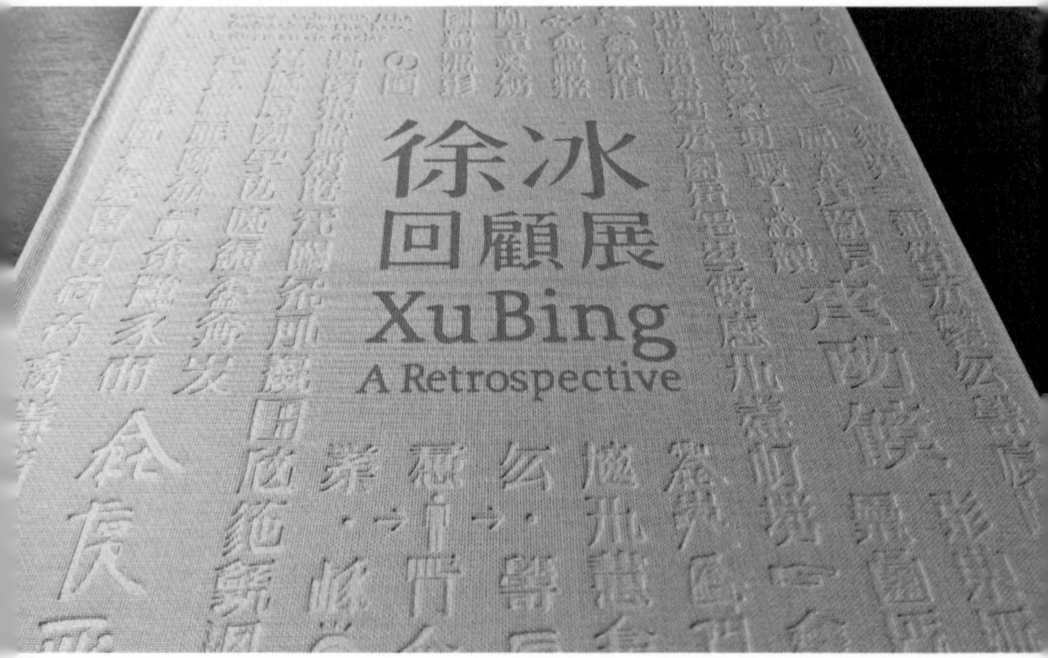
徐冰
回顧展
Xu Bing
A Retrospective

「漫遊」是我們和美術館發生關係的一種美好方式。
沒有壓力，毫無負擔，
卻可能得到意想不到的收獲，
當然，展出的藝術家是誰也相當重要。

參觀美術館這樣的藝術殿堂，對我來說一直是一件有點嚴肅的事情，如果動詞改一下，變成逛美術館，好像又有些不夠認真。於是這樣的尷尬，就成了我鮮少前去美術館的理由，或者說是藉口。

某天，北美館的張芳薇老師來電說要邀我去為一個展覽做另類導覽，我一聽直覺自己能力有限、資格也不夠急忙婉拒說萬萬不可，她才解釋其實不算導覽應該說是「漫遊」。漫遊？聽起來挺有趣的，她說這是從國外引進的觀念，我的角色算是以所謂「精明觀察家」的身份帶觀眾漫遊展覽，她的信中有這樣的定義：「展覽漫遊」（Art Promenade）的原型是展覽場專家導覽，「展覽漫遊」是此原型活動的創意延伸版，邀集藝術界與跨領域的專家學者們來館以他們的專長與創意回應展覽，並在可能範圍內作異於傳統的展覽導覽或回應，與觀眾分享。關於漫遊最常被提及的是法國波特萊爾的「漫遊者」與「愛麗絲漫遊仙境」，就當代社會而言，「漫遊」表面上被界定為較不具壓力、閒散、不具特別目的的旅程，與漫遊有關的想像多元，主要是不在預想下的不期而遇，而「漫」總是怡怡然面對未知時空，具有稍為開放、不定型與偶然的實驗性與不太正式。漫遊至最後總會形成一張具有獨特脈絡與結構的地圖或於遊畢之後回首發現路徑自然形成。漫遊不具攻擊性更非唯一，同意每條路徑都通向美麗的邂逅，激發想像。

沒有壓力、沒有特別目的、不預設、不定型、不太正式、不期而遇、開放、實驗性、延伸創意、激發想像，這些令人愉悅的字眼巧妙地解決了我對前往美術館的尷尬，「那我就是……導遊？」「可以這麼說。」然後我就欣然答應了。

至於漫遊的對象，正是徐冰，集結他人生精華創作的首次回顧展，給了北美館。初聞徐冰，是一、兩年前協助北美館遴選兒童館的logo時館方送我一本他的新作《地書》，整理歸納無數當代生活、流行文化、網路世界的常用符號成為文字，寫成的一個關於現代人的一天的故事，當時讀後覺得這個年輕藝術家真瘋狂，對，年輕，《地書》的想法之新，讓我以為他是跟我差不多年紀的創意人。孤陋寡聞如我，這一次終於張大嘴巴見識到徐冰大師從年輕啟蒙至今不懈的一件件驚人作品（或者說是創作計畫），以及他身為一個具有世界高度的當代藝術家令人仰視的文化內涵、熱情卻謙卑的態度和充滿影響力的觀點。這樣的發現，讓原本應該輕鬆的漫遊，變成戰戰兢兢，也讓我驚覺基本上所謂「以展覽場專家導覽為原型的創意延伸版」，其實還是導覽呀，大師當前，我有點呼吸困難，無法跨出漫遊腳步，只想立正站好，這真是件苦差事呀，但已經答應了又豈可反悔，只好深呼吸，告訴自己平常心。

北美館真是厚愛，竟將我的漫遊時間安排在徐冰回顧展最後一日的下午，把握最後機會絡繹前來的人潮推升著我的緊張，「嗯，就是一場好玩的漫遊呀！」我自我催眠著，參加我「漫遊徐冰旅行團」的約莫六十位團員在展覽入口處集合了。

這趟漫遊其實是從臉書開始的，當我正著手準備導覽資料時無意間瞥見Where（花藝家和Where's大智若餘的keyboard手）分享了一段徐冰的文字：「原來一個藝術家的方法與風格都不是預先計畫的結果，它帶有宿命性。屬於你的風格你不想要也丟不掉，不屬於你的你拼了命也得不到。在工作室中處理一個型，是銳一點還是鈍一點，是選這塊材料還是那塊材料，所有這些細節的決定，都是由你這個人的性格、修為、敏銳度所

龔大中漫遊導覽
臺北市立美術館提供

左右的。如果你著急成功，型的處理或作品的尺寸就會過份一點；你要是想通過藝術，向世人炫耀或掩蓋一點什麼，都會被作品顯露無遺。這是藝術唯有的誠實，也是我們對藝術信賴的依據。」除了對這樣精確的創作自省感到心有戚戚而肅然起敬之外，我也幸運地找到規劃這趟旅程的自信和方向。我決定從「我」的個性、知識和想像出發，忠實陳述自身對於徐冰的感受，並且自由地在我的專業領域、資訊偏好和文化關注中尋找相關的連結，享受與創作觀點相互呼應、來回辯證、甚或反覆延伸，所帶來的靈感激盪。這就成了本次旅程的行前注意事項。

因為必須「在可能範圍內作異於傳統的展覽導覽」，我首創打破參觀動線由參加者抽籤靠命運決定走訪作品的順序，就這樣在北美館人員的細心協助下，拖著電腦和大聲公帶領團員們穿梭在北美館展開漫遊。接下來容我以有點像遊記的方式介紹其中的幾件作品，也就是幾個熱門景點。首先抽中前往的是編號五號的《五個複數系列》，徐冰在一九八六、八七年研究生時期的作品，他對作為「間接性」繪畫的版畫所帶有的「複數性」特質產生興趣，發現重複和規定性印痕讓版畫較其他種類繪畫更充滿現代感的節奏形式，我直觀的聯想是安迪．沃荷的作品，在複製的規律中用色彩帶來變化，以黑白為基底的版畫該如何變化？徐冰將版畫創作的「時間性」合併到作品之中，記錄下一般不會公開的刻製木板過程，堪稱版畫藝術的創舉。比方說作品《田》就是以同一塊板為媒介物，從完全沒有雕刻痕跡的全黑色印刷開始，進行邊刻邊刷的另類複數形式，刻痕的增加就像農地上作物從播種、插秧到生長，由稀疏而繁盛，連續十三幅中的第七幅大概就是習慣概念上的完整畫面，然後繼續邊刻邊印，畫面形象又隨之逐漸消失，彷佛收割後，終於又回到空無一物的白紙本身，象徵著中國農業社會的生活輪迴縮影。將版畫從轉介到複製進而演化到過程的呈現，我想這裡應該就是徐冰一再從舊框架顛覆出新型態的濫觴。

下一站前往的是七號《鬼打牆》，九〇年徐冰確定即將出國且不知何時返回，他決定實現自己一直想做的事「拓印一個巨大的自然物」，挑選了具有中國歷史文化象徵意義的「長城」當作轉印物，他的理念是任何高低起伏的東西都可以轉印到二維平面上成為版畫，而這樣繁浩巨大的建築量體在他眼中更是一個兼具時間與空間雙重性的物質文本。長城成為一本書，城牆實體成為現成的版式，混雜自然的風削雨蝕與人為的歷史構築，時空撫摩的抽象痕跡經由拓印呈現，無字無語卻能閱讀、感知或聯想。金山嶺長城一個烽火台的三面和一整段城牆被分解成偌大的拓片，在北美館挑高大廳的中央懸樑垂掛而下，左右兩側也排列著牆面拓片，中間則是真實的土堆，氣勢磅礴令人震撼，立體的長城被印下，然後移動了，離開了中國，當年第一次展出是在美國的威斯康辛大學艾維翰美術館，現在則來到台北，傳統的版畫拓印在徐冰手上產生了跨越語言、文化、時空的應用。有人說《鬼打牆》是世界上最大的一幅版畫，我在此處分享的則是姚明在 NBA 休士頓火箭隊出賽的精彩畫面，離開中國赴美打球的他綽號正是「移動長城」，同場加演的是當前最火熱，聲稱什麼都能印的 3D 列印技術。

然後停靠十二號的《轉話》，一件看似簡單卻充滿省思的小品。不同語言之間是否可能真正轉換，又即使可能轉換的程度如何？旅美後的語言障礙，讓徐冰開始對這樣議題產生興趣，他的實驗計畫是將一篇由劉禾女士撰寫的清晰、簡潔且很難會誤讀的中文文章，翻譯成英文，然後由英文再譯成法文，法文譯成俄文，依此模式繼續轉譯成德文、西班牙文、日文、泰文，再從泰文譯回中文，最後比對前後兩篇中文看看彼此間出入有多大。出入有多大？對觀者而言是很主觀的問題，我個人認為出入頗大，根本是兩篇文章，截然不同的語意，這令我想起與外國客戶或長官開會時，聽著從幫忙翻譯的同事口中吐出的我的意思，經常會有這是什麼跟什麼的搥胸頓足，但真要自己講又沒那本事，一種叫人呼吸困難的無奈。

我的漫遊延伸是蘇菲亞．柯波拉導演的電影《愛情不用翻譯》（Lost in

Translation），由比爾．莫瑞和史嘉麗．喬韓森飾演一對互不相識的男女主角，被東京這樣一座不同文化、語境的異地城市所造成的陌生、疏離和迷失感團團包圍，卻逐漸在彼此之間找到心靈相契的共通頻率，我當時的解讀是情愛和感覺是不能也無須翻譯的，因為文字反而會限縮了其中的種種可能性。我也分享了我的第一本書《我在跑步》請來長年替村上春樹翻譯的賴明珠老師為我寫推薦序，對我來說無可取代的意義，因為身為一個道地的村上春樹粉絲，我其實不止一次這樣想，不懂日文的我，真的有看過所謂村上春樹的文字嗎？又或者是，透過那些我愛的書，我接收到他的意念，而我讀的，一直是賴明珠的文字？所以，我對賴老師的名字，一直有種難以解釋的特殊情感，真要說我是看她寫的文字長大的，也是百分之百的成立，於是當我第一次從讀者成為一個作者時，能夠由一位我從小閱讀最多的文字的作者幫我寫序，真是天大的幸運。最後忍不住放了史上最紅動畫片《冰雪奇緣》主題曲〈Let it go〉竟被翻譯成二十幾種不同語言的版本，甚至還有台語版，歌詞也許需要翻譯，但我總覺得「音樂」或許是愛情之外另一種不用翻譯的東西。

一號的《爛漫山花》、二號《碎玉集》和三號《早期的素描與版畫》被我歸在同一區，這些是徐冰從中學畢業後被派下鄉務農到考取中央美術學院並在學成後留校任教整個時期的作品，從版畫技術的萌芽、茁壯，到開始接觸中國農村的景物人文、傳統風俗，深入廣大社會的生活層面，並在四處遊歷、寫生、紀錄；從克難中的單純與樸素，到小巧精悍細緻的美感特質，展開了重複的模組化、半抽象的質感和觀念性的表現意圖；作為徐冰藝術創作基本功和文化內涵的養成階段，是他一直不忘的「自我」，也是一路影響他到現在的底蘊。也許不是徐冰最廣為人知的成名作，但我對所謂的「早期作品」一直有莫名的著迷，彷彿可以從裡頭窺見藝術家或創作者的來路，我喜歡在網路上搜尋他們的第一件作品，比方說那些搖滾樂團的第一張專輯，絕對都是不容錯過的好東西。偷偷爆料，最近我們有一個有趣的紀錄片構想，就是拍攝許多知名的、資深的廣告創意人重新present他們的第一個作品，是不是光想而已就覺得精彩萬分？希望能真的被實現出來。

《A, B, C...》編號第八號正是徐冰在美國的第一件創作。旅美之後的他將對文字的思考和敏感度轉向英語，學習英文的迫切性和力有未逮的速度造成的困頓情境在此表露無疑，在掙扎中尋找變通的生命力既天真又幽默。不同文化之間為求溝通、學習與理解，語言必須轉換，徐冰卻選擇了發音適合的漢字，作為二十六個英文字母的「音譯」對照，比方說A是「哀」、B是「彼」、C是「西」，W則用「達布六」三字表示，在聲音的共通下卻是完全不同的語義，令觀者啼笑皆非。耐人尋味的是，許多中文音譯選用的是意思不怎麼正面的漢字，例如F用「癌夫」、L用「癌爾」、M用「癌母」、P用「屁」、V用「危」、Z用「賊」，除了凸顯不合邏輯的荒謬，更誠實投射了徐冰當時在心理上對英文的恐懼。我找到一個台灣設計師李根在的作品，當他初到紐約時一樣遭遇到包括語言、文化適應等種種現實問題，為了抓住像安迪・沃荷說的那每個人十五分鐘的成名機會，他用不同國家的文字寫下自己的名字做成一張張海報張貼在紐約街頭，那麼來自世界各地的人就都會認識他了，一樣都是很唐吉訶德式的思維。另外的聯想是近來頗流行的右腦諧音單字記憶法，我特別上網 download 了一段教學影片，穿得像魔法公主的老師說，電梯裡擠滿了矮的肥的乘客，所以電梯 elevator 就是「矮的肥的」；有一個人喝得很醉喔，要趕快找個手扶電梯爬上去才會舒服一點，所以手扶電梯 handrail 就是「很醉喔」；更扯的是接駁車的司機竟然搞怪把自己扮成蝦頭的樣子，所以接駁車 shuttle 就是「蝦頭」，我不確定這樣的學習究竟效果如何，但可以肯定的是，當人們亟欲跨越語言障礙時，都會變得很天才。

十四號的《英文方塊字書法與教室》是我最喜歡的作品。一九五〇年代

以後中國進行了堪稱災難的漢字改造、簡化運動，一批批舊字被廢除，新字被公佈，接著再更改、廢除，然後舊字又被恢復，徐冰的心中萌生了這樣的概念——「文字是可以玩的」，而「英文方塊字」就是他跨越中英文的極致玩法。他形容這好比是將中文和英文兩種截然不同的書寫體硬給弄在一塊，讓他們雜交，產生新物種，作法是把中國的書法藝術和英文的字母書寫結合，成為一種英文書法，於是西方的文字竟得以用東方書法文化的形式表達。這種貌似中文實際卻是英文的書寫形式由徐冰發明，所以又叫「徐式新英文書法」，透過裝置藝術的手段他把美術館展域改為書法教室，備好筆墨紙硯讓觀眾現場揮毫，依規則將英文單字拆解成一個個神似書法部首的英文字母，然後重組成以為是中文卻依然是英文的文字，和徐冰另一大作《天書》的「偽文字」不同，《英文方塊字》經歷重組、轉換卻依然是具有意義的「真文字」，這就是它厲害之處。我個人倒是有個陰謀論的假想，任性又頑皮的徐冰會不會是想捉弄老外，看看他們拿起毛筆學著用書法寫英文的吃力模樣？

當然跟我想的不一樣，徐冰曾寫道《英文方塊字》的實用性和在藝術之外的可繁殖性，是他自己特別喜歡的部份。他把這樣的書寫系統應用在自己的書法創作，曾獲諾貝爾文學獎愛爾蘭詩人葉慈的作品成為他筆下的《葉慈四首詩》，而唐朝詩人張若虛經典名作的英譯版則被他寫成《春江花月夜》。他的「原創性、創造力、個人方向，連同他對社會以及在書法、版畫藝術上的貢獻能力」讓他在一九九九年獲得美國著名的麥克阿瑟「天才獎」給予的特別獎助。漫遊至此，我拿出一條當年去埃及旅行時購買的項鍊，上面刻有我的英文名字 Giant 對應的古埃及象形文字，考古和語言文字學家苦心拆解、比對、轉換的結果，成為商人大賺觀光財的工具，或許也是一種實用性的繁殖吧。還有另一個好玩的是比利時服裝設計大師 Martin Maison Margiela 不斷拆解各式元素再予以重組的癖好，由男人領結交織的女性禮服、保暖手套接連出防寒背心、瓷磚碎片拼湊成小外套、撲克牌西裝、腰帶皮夾克、金色假髮毛大衣……雖然沒有一件我敢穿，但不得不佩服的是在解構之後一切又彷彿重生般被賦予更具衝突性的大膽新意。

說到解構之後，正好要來一遊此次回顧展編號六號鼎鼎大名的《天書》。徐冰回憶自己在幼年時，母親因北京大學圖書館學系的工作繁忙，經常將他「關」在書庫裡，這或許就是為什麼，除了文字，他的作品內容始終與「書」有著不解之緣。在著手這部《天書》之前，徐冰有幾個前提設定，這是一本誰都讀不懂的書，內容被抽空，但它非常像書；這本書的完成途徑必須是一個真正的過程，每個細節、每道工序必須精準、嚴格、一絲不苟；這本書要能提供一種很有文化的經典感而不能像素人所為；製作必須是手工刻印的，這樣感覺才正式，是被認真對待的，並且和真理有關。因此在字體上選擇了又稱「官體」的「宋體」，他將漢字的部首偏旁拆解再模仿造字規律予以重組，並參考《康熙字典》筆劃從少到多的序列關係，總共創造了四千多個不曾存在且查無重複的假字，在八七到九一年間從一個字一個字雕刻、組版、印刷到精裝，完成了一百二十套，每套四冊，共六〇四頁的偉大鉅作，徐冰卻形容自己是「有一個人用了四年的時間，做了一件什麼都沒說的事」。

然而事實是，雖然全為假字，《天書》卻自有一套縝密的邏輯和結構，嚴格管理著這堆文字的起始、順序和範圍，這讓被管理的部份顯得更加空洞……恰巧可以作為對當時中國社會、文化語境乃至深層體制的一種無聲隱喻。看似什麼都沒說也不能讀的一本《天書》不但煽動了人們對中國及其傳統的反思，更把閱讀、感受和聯想的權力交給觀者，留下無限的詮釋和論述。我很喜歡當年一位教授的說法，他看了《天書》後，第一次感覺到文字是有尊嚴的，因為《天書》把功用性的部份給去掉了，它不讓世俗濫用……我想那是文字就只作為文字本身不帶任何意涵的純粹美感。我介紹了一首二〇〇六年龔琳娜在中國網路爆紅的神曲《忐忑》，整首歌聽起來好像就只有「嗯、喔、唉、呦、呀……」的，其實卻自有它的規則和聲律，每回唱都能一模一樣，也就是說她用一種自創的「語言」填了詞，這讓聽者有了自我詮釋所感的權力，也讓歌曲有了褪去詞語聯想的超然性。我也找出來自台灣嘉義的本土藝術家侯俊明九三年的版畫作品《搜神記》，在傳統古雅的版書形式上，呈現扭曲、誇張、充滿想像力和禁忌性的筆觸風格，他創造的不是文字或語言，而是自己的神和神話，「多褶陰穴天尊」、「大奶夫人」、「藍鳥」、「陰陽同體人」……每一尊都叫人瞠目結舌，無限遐想。

然後我做了一件事，跟我對《天書》的強烈感受有關。面對眼前三條長卷從展廳中央垂掛下來，地上整齊擺放著線裝和蝴蝶裝形式的典籍，兩側則是巨大長幅的篇章綿延，那樣的莊嚴，那樣的震撼，還有那種完全無法理解的距離感，讓我想起佛經，幾次親人離世時跟著法師為他們唸誦經文的經驗，經文是由佛號組成，沒有一個字看得懂，在不明就裡的狀態下，一個字一個字照注音唸出來，對自己嘴裡吐出的聲響和它們串連起來所產生的韻律，感覺陌生卻無比奇妙。於是，我在《天書》的現場放肆地播放了《大悲咒》的梵音吟唱，「南無喝囉怛那哆囉夜耶……」經文在展廳迴盪，不只漫遊團的成員們，所有的觀眾都仰起頭環顧四周，似乎試圖把耳朵聽聞的和眼睛看見的互相連結對照，結果是超乎預期的搭調，不可思議的和諧，那一刻彷彿《天書》被唸、甚至被唱了出來。在北美館殿堂做出這樣的壯舉肯定將成為我畢生難忘的回憶，原本擔心張芳薇老師會生氣，沒想到她竟還拍手叫好，說一定要把這件事告訴徐冰，有個不知天高地厚的小子在他的《天書》之下播放了《大悲咒》。

看完《天書》看《地書》，編號第二十一號，也是我接觸徐冰的第一個作品，當時看到的是一本以各類符號作為「標識語言」寫成的小說，擁有國際書號正式出版的一本書，他認為不論讀者出身什麼文化背景，只要是生活在當代，理應就能讀懂。現在看到的則是徐冰在紐約工作室的模擬現場，一個工作中的現場呈現出藝術家上窮碧落下黃泉收集整理來自世界各地、各種領域「標識語言」的雄心壯志，投身創作數十載竟然還能像這樣持續燃燒熱情，展開如此浩大的前衛計畫，敬佩之餘，更讓我豁然明白徐冰之所以是徐冰，能擁有如此藝術成就的真正原因。現場有個「字形檔」軟體，只要在電腦鍵盤輸入中文或英文，螢幕上就會自動轉譯顯示出相對應的標識語言，什麼都翻得出來。我秀出一則簡訊，一位網友用七十六個常用的 Emoji 通訊符號排出了《少年 Pi 的奇幻漂流》的故事，只能說高手在民間，不服都不行。異曲同工的還有那些用符號取代文字，像密碼一樣傳過來傳過去的曖昧簡訊，我想每個人手機裡或多或少都有一些，我就不多贅述了。

漫遊至此，再漫不經心也會發現徐冰作品的創作元素總是與書本、文字、版畫、語言間的隔閡與流轉息息相關，即使在西方藝術世界中學習、創作，他始終緊緊抓住華語文化和中國社會的養成背景，沒有忘記「自我」。他在回顧展的序文中也是這樣說道：「現在看來，對我的藝術創造有幫助的，是民族性格中的內省，文化基因中的哲學觀與智慧，和我們這代在中國大陸長大的人，整體付出的有關社會主義制度嘗試的方法與經驗，以及學習西方的經驗。這些優質與盲點的部份交織在一起的，構成了我們特有的養料。這些與西方價值觀不盡相同的內容，比如敬畏自然的態度；與自然配合的態度；和諧中庸的態度；文藝為大眾的態度。這些好東西，幾乎還沒有機會在以往的人類文明建設中發揮應有的作用，但顯然它是人類文明走到今天需要補充的東西。」

這次的經驗讓我真心覺得，「漫遊」是我們和美術館發生關係的一種美好方式。沒有壓力，毫無負擔，卻可能得到意想不到的收獲，當然，展出的藝術家是誰也相當重要，謝謝北美館，更謝謝徐冰。最後，用一段身為一個導遊在旅程結束時對揪感心的團員們所做的心得感想來結尾……

作為一個藝術的觀賞者，我們可以用漫遊、聯想、重組的方式欣賞藝術家的作品，將他的作品和你自身的感受、內容，別人的、不同領域的作品，還有社會、世界的文化素材自由連結，產生屬於你自己的解讀，甚至就是你觀賞之後的「作品」。

這是一種嶄新的嘗試，一個有趣的過程，而事實上，在藝術家腦袋中的創作歷程，某種程度上也是這樣的，徐冰，就是一個最好、最出眾、最經典的例子，在不同領域的文化和思維之間，那些以為跨不過去的跨過去了，那些看似跨過去的或許並沒有真的跨過去，在跨過與跨不過之間的嘗試本身，那些思考辯證，還有它所帶來的可能性，也許就是藝術吧。

現在就請你自己再一次觀賞徐冰，開始屬於你的漫遊。

遇見 100% 的女孩

創作者因為技術能力欠缺、經驗不足、一時分心、決策失誤或種種主客觀因素干擾，而沒能留住心中idea的完美初象，就這樣讓她從身邊溜走，你不覺得很悲哀嗎？

當然，這跟村上春樹的《遇見100%的女孩》並不一樣，基本上也沒什麼太大的關係，但能在這裡用這樣的題目寫這些文字，我把它視為向我最喜愛的作家致敬的一種方式。然後打從第一個字開始，我想說的那種難以掌握、不滿意的焦慮和不得不的遺憾，也就跟著開始了……

我是一個創意人，我最主要的工作就是想idea，這件事情很有趣，與其說是想，倒不如說是在茫茫腦海中帶有某種機緣和運氣成份，未知而不可測，甚至無從解釋的尋找和遇見某個點子。那其實也很像在茫茫人海中帶有某種機緣和運氣成份，未知而不可測，甚至無從解釋的尋找和遇見……某個女孩。尤其是那個「啊～就是她了！」的最棒的點子，更好比在幾十億分之一的緣份裡，找到那個命中注定的女孩，這樣說起來我的工作就變成一件非常浪漫的事，即使過程有苦痛、有掙扎都能甘之如飴，只為了那份甜蜜的幸福感。所以我很喜歡，並且在這裡我們就可以這樣做，把在腦海裡出現某個好點子，叫做「遇見好女孩」（事實上想到 idea 那個當下的愉悅真的很像遇見漂亮女生時的那種快樂），而那個最棒的點子、最完美的初象，就是「遇見 100% 的女孩」（如果你本身是女孩，也可以把它當成是「遇見 100% 的男孩」）。

不知道你有沒有過類似的經驗？想到的，跟最後做出來的之間有落差。一個獨到的觀點最後變成一句平庸的文案，一幅唯美的畫面最後變成一張還好的平面，一個絕妙的腳本最後變成一支普通的片子，一段動人的旋律最後變成一首無聊的歌曲……這是我自己經常甚至總是遇到的事，也是創意工作中最困擾我的事。

朋友替某個雜誌寫專欄，有時他會拿剛出爐熱騰騰的文章跟我分享，那次我誇他寫得真好，他卻回：「不好啦，沒寫好，我原本想的比較好。」他說或許是翻譯沒把採訪的問題翻好，或許是急於截稿時間不夠，或許是篇幅字數的限制，或許是自己的文筆不夠好……我才發現原來不只是我，許多人都被這樣的問題困擾著。

在我的廣告生涯中發生過無數次，我想了很棒的腳本，並在提案的時候贏得客戶的滿堂彩，最後執行完成交片的時候，客戶卻鐵青著臉說：「怎麼跟你那時候演的不一樣？」而通常我是無言以對的，因為連我自己都覺得「怎麼跟我想的不一樣」？這其中最大的問題，就是執行，創作者的工作包含了創與作，不只要會想，更要有能力把它做出來。

一個創作者想到 idea……不對，應該說是在腦海中遇見 100% 的女孩時，會先盡可能鉅細靡遺地把她的美麗記下來，然後再設法忠實傳神地去說給別人聽，過程中我們運用自己擅長的方式或工具去表現她，也許是文字、口語、圖畫、音樂、舞蹈、影片、雕塑等等。可惜的是，從遇見她的那一刻開始，那個她最完美的、100% 的樣子，就在每一手的轉述和任何企圖對她的描繪中，好像翻譯一樣不得不地遺失遞減，也許最後做出來的時候，原本那位100%的女孩會變成只剩下65%的女孩也說不一定。

好不容易遇見100%的女孩，她最美的樣子，竟是最初在你腦海浮現的文句、畫面、故事或旋律，所謂靈感的初象，再也無法超越，然後你得眼睜睜看著她一點一滴消失，慢慢離你而去，是不是既哀傷又淒美呢？但事實就是如此，坦白說在我的廣告創作經驗裡頭，幾乎沒有一次導演拍出來的片子，能超越我腦中原本的想像，因為我遇見100%的女孩之後，可能只記住了95%的她，透過我笨拙的描述她只剩88%，而導演一個不留神只聽進去她的82%，然後攝影師、剪接師又進來攪和到78%、72%，最後偉大的客戶再改一下，就成了65%的女孩。但我必須強調，這樣說並不公平，是不是100%只是我自己主觀的認知，跟導演拍得好不好可能一點關係都沒有，就連我自己當導演，拍攝自己想的創意，結果往往也是如此。

如果說「發想」是「遇見100%的女孩」，那我想「執行」就是你要怎麼「留住100%的女孩」。所以創意人的專業訓練，除了思考術，更大的部份，在於如何讓最後產出的東西，趨近腦海中的原始想像（先別貪心地去想超越）。那裡頭包括技術的精進、方法的嘗試、經驗的累積、對細節的堅持和對信念的不妥協，當然還得靠點好運，而且由於經常得跟一群人共同合作，溝通協調整合的能力也不可或缺，最後就是反省檢討，要回頭去想哪邊做得不錯要保持，什麼做得不好要改進……每次都要比上次更接近一點，讓把握度不斷提高，因為上天是如此眷顧你，讓你得以遇見

100% 的女孩，你不該辜負這樣的幸運，最好的回報方式，就是用盡所有的努力想辦法把她留下來，不要有遺憾。

可想而知的是創作者的內心有多痛苦，因為全世界只有他一個人知道他腦中那個 100% 的完美女孩長得是什麼樣子，而任憑他再怎麼努力卻也很難留住 100% 的她，所以幾乎是永遠不可能心滿意足的。或許可以從兩個角度去面對這樣的痛苦，就像朋友始終覺得他的專欄寫得不夠好，但對我來說那的確是一篇很棒的文章，有時候我們是不是可以試著放過自己，不要過分偏執苛責，在盡力挽留保存 100% 的女孩之後，不妨聽聽別人怎麼看你手上的作品，怎麼稱讚你的女孩，適度讓自己放鬆一點，開心一點；但大多數的時候我還是得說，別輕易放下自己心中的那把尺，要勇敢地出來面對，忠於你的 100% 女孩，於是好就是好，不好就是不好，誠實的創意人真的很難自我感覺良好。我想，在這看似矛盾的兩者之間如何找到平衡，也是一種必要的心理建設和修練吧。

不過，所謂的經驗法則偶爾也會有例外的時候，我就曾經遇過一次，唯一的一次。那是多年前和陳宏一導演的合作，一支 Motorola 的手機廣告片，談的是絕佳的照相功能，一對男女把手機當成手槍，像電影《史密斯任務》裡的特務夫妻那樣在家中展開一場激烈唯美的槍戰，他們用鏡頭狙擊對方，你 shoot 我，我拍你，誰先被拍到誰就是輸家……陳宏一導演在他公司的剪接室，用一貫的害羞靦腆放出最後的完成品，天啊，豈只 100%，簡直就是 120% 的夢幻女孩，完全超越了我腦海中的想像，當時我還為了那種從來沒有過的美好經驗，偷偷地寫了一封有點像情書的信謝謝他，對我來說，那根本就是一場童話般的愛情故事。

故事到底是怎麼發生的呢？我試著回顧整個過程，除了充分的討論溝通、嚴謹縝密的製作準備和專業到位的拍攝剪輯外，我們和導演很有默契地保留或者開放了某種程度的空間，去嘗試在腳本之外的可能性。就是這樣的空間，帶來了那20%意外的美好，所以從此之後面對執行的工作，我總是提醒自己不要畫地自限，要懂得去接受或者撞擊不同的可能，但話雖如此，儘管熱切地期待著，這樣的故事卻沒有再發生過了。

我試著偷偷改寫《遇見100%的女孩》裡的片段……

在一個四月的下雨夜晚，腸思枯竭的男孩為了喝一杯海明威最愛的Mojito，而在大安區的一條巷子裡，由東向西走去，兩個人在巷子正中央擦肩而過，那種微弱卻無可取代的創意靈光，瞬間在兩人心中一閃。

她對我來說，正是100%的女孩呀！
他對我而言，真是100%的男孩呀！

可是他們那創意的靈光實在太微弱了，男孩也還不懂得如何將心中的感覺清澈完整地落實表達出來，兩個人一語不發地擦肩而過，就這樣消失到人群裡去了。

你不覺得很悲哀嗎？

男孩和女孩，就這樣擦肩而過，創作者因為技術能力上的欠缺、經驗的不足、一時的分心、決策上的失誤或是種種主客觀因素的干擾，而沒有能夠留住他心中那個 idea 的完美初象，就這樣讓她從身邊溜走，你不覺得很悲哀嗎？

執行才是重點，浪漫的愛情想有完美的結局，你得抓得住你的 100% 女孩。我的老闆胡湘雲對「創意是什麼」？曾經有一段很精闢的詮釋：「在伸手不見五指的暗處，突見曙光；在幾近窒息而亡的剎那，吸到一口氧氣。那就是，idea 來了。問題是，你得抓住它。祝好運。」嗯，說得真好，問題是，你得抓得住她。

記得那年第一次讀《遇見 100% 的女孩》時深深崇拜著村上春樹，這個人也太有創意了吧，竟然能想到用這種招數把妹，如果真的付諸執行，應該會成功留下她吧。至於這篇《遇見 100% 的女孩》，即使我用了假期裡連續三個下午的時光把自己關在咖啡店的角落，搜尋、挖掘在我腦海裡遇見的各種想法和話語，一個字一個字反覆斟酌，寫了又改，改了又寫，用盡了所有努力，最後終究沒能留住那個 100% 的女孩。

到咖啡館的角落找靈感

威爾貝克咖啡館

「梅菌放的音樂＋窗邊的位子＋貝里斯拿鐵」
彷彿成為一套成功方程式，
我覺得好像只要這樣我就會想到好東西，
然後從「我覺得」變成「我知道」，
最終變成「我相信」。

「我不在咖啡館，就在前往咖啡館的路上。」我往往是在需要想 idea 或者寫東西的時候，才會進入如此依賴咖啡館的狀態。因為在「咖啡館」這樣一個空間，很奇妙，不知為何，創意好像會跟著咖啡香一起，源源不絕飄散出來。

咖啡館這個地方是真的很奇妙，我說的並非它各自的特色、風格、地點甚或裝潢、飲料、食物，而是身處其中的感受。你明明在人群之中，卻能保持適當距離，擁有一個屬於自己的空間；你的四周有人交談，店內播放著音樂，還有咖啡機不時發出轟轟聲響，但你的心卻覺得很平靜；你思考、放空、照見自己內心的同時，也眼睜睜觀察著周遭人事物的一舉一動；那是一種安寧獨處於喧囂塵世的狀態，因為本身是靜的，身邊動的東西，在你啜飲咖啡的同時，就能一直朝你撞進來，撞出火花的就成為所謂靈感……以上，大概是我對咖啡館與創意之間的關係所做的第一層分析。

後來我發現，好像並不是這樣而已，因為有些咖啡館對我有效，有些咖啡館就算我坐成石頭也擠不出半個點子，為了提升「在咖啡館找到靈感」的命中率，我決定一探究竟。

巴黎塞納河左岸的咖啡館，是二十世紀初文人常聚的地方，畢卡索、沙特、西蒙．波娃、海明威、費滋傑羅等夢幻大咖的身影都曾流連忘返於那個時空。其中位於蒙巴納斯大街的「圓頂咖啡」是巴黎最大的咖啡館，據說當年沙特和他的女友西蒙．波娃幾乎每天都會到這座咖啡館，在裡頭一邊喝咖啡，一邊討論「存在與虛無」或是女性解放等話題，他們的讀者甚至已經把這裡當作他們的通訊地址，當他們走進大門時服務生遞上的往往不是菜單，而是一大堆信件。另一間位於日耳曼德派廣場的「双偶咖啡」是因為大廳的牆上掛著兩個木刻的中國人偶而得名，據說海明威的名著

《太陽在這裡升起》就是在這座咖啡館一個靠窗的位子上構思創作的，店家至今還保留著一張椅子，靠背上的銅牌刻著海明威的名字，菜單中也保留著一道他每回必點名叫「海明威胡椒牛排」的招牌菜。

注意到了嗎？幾乎每天的經常性、固定的位置還有相同的order，我在這裡找到了有用的線索。回想比對我自己在咖啡館創作的經驗，最有斬獲的，正是我最常去的兩間咖啡館「路上撿到一隻貓」和「威爾貝克」。

「路上撿到一隻貓」在台大對面的巷子裡，因為開店前撿到一隻貓所以有著這樣的店名，當年如果有人傳訊息問我在哪，我最喜歡的梗就是回「我在路上撿到一隻貓」，像我老闆胡湘雲那樣的愛貓人士通常會問「真的！？是什麼貓？」這樣的問答經常發生，我也樂此不疲。店主人梅菌是個不折不扣的文青，menu 全寫在一面大大的黑板上，我喜歡他放的音樂，店裡的桌椅沙發大半也都是撿來的，被撿到的那隻虎斑貓經常懶洋洋地躺在溫暖的咖啡機旁，我則是喜歡坐在窗邊的位子，點上一杯有點大人口味的貝里斯拿鐵，一開始只是假日去，後來連平日也會和 partner 蹺班躲進去，不知道有多少我的廣告作品都是在那裡想出來的，記得梅菌還曾在廁所門口為我貼上 Waterman 首張專輯的海報。

記憶中的過程大概是這樣的，因為經過時覺得這間店不錯於是進去了，店裡的風格正合我意，老闆放的音樂很正點，窗邊的座位有充滿希望的陽光透過樹隙灑進來，喝下一口讓人驚豔的貝里斯拿鐵，很舒服，整個人都

放鬆了，然後 idea 就來報到了。有了第一次之後，誰會不想下次再去，結果相同的事情又發生了，第二次、第三次、第四次……和老闆也漸漸熟了起來，每次走進來都覺得很熟悉好自在，「梅菌放的音樂＋窗邊的位子＋貝里斯拿鐵」彷彿成為一套成功方程式，我覺得好像只要這樣我就會想到好東西，然後從「我覺得」變成「我知道」，最終變成「我相信」。

原來，事情的重點是「習慣」，還有那背後衍生而出的「信心」。那也是為什麼海明威、沙特和西蒙．波娃要一直重複去同一間咖啡館，坐相同的位子，點一樣的餐點，因為他們相信，在那樣咖啡館的那個角落「找到靈感」這件事情會發生，因為之前發生過一次、兩次、三次……所以他們願意相信，越來越相信，而因為相信，事情就真的又發生了。我想起我在「廣告創意導論」課堂上經常跟學生分享的廣告大師 Jack Foster 談論創意的一席話：「常有點子的人，知道點子就在那裡，他們相信找得到它。不常有點子的人不確定點子會在哪裡，他們就不確定會找得到它。」如果把句子裡頭抽象的「那裡」「哪裡」換成咖啡館，一切似乎更具體貼切。

後來就很少在路上撿到一隻貓了，因為生意太好，別說窗邊的位子，連要有個位子都不容易。現在最常去的是我家附近的「威爾貝克」，小小的店面並不起眼，但店裡飄出的咖啡香卻讓你無法忽略它的存在。

桌子、椅子、吧台、樹櫃幾乎都是木工手作的，老闆凱文掛著黑框眼鏡

留鬍子，一派斯文裡還有點酷酷的味道，放的音樂很嚇人，因為經常是我在家也會聽的專輯，我們的對話不算多，但對到眼時彼此總會心照不宣地點個頭。我喜歡坐在狹長店內走到底最裡頭的那個角落，很適合脊椎側彎如我的高腳桌配高腳椅，每次都是老樣子點一杯會上癮的「威爾特調」不加糖，等靈感上門來找我。

我的第一本書《我在跑步》頭尾的幾個篇章都是在「威爾貝克」寫的，最後的整理、校稿、修訂也是在這裡完成的，書印出來的那天我趁熱送上一本給凱文，在內頁簽名寫道：「這本書裡，有威爾貝克的味道。」後來的大概兩個多月，那本《我在跑步》都被放在咖啡館櫃檯綠色玻璃罩銀行燈溫暖的黃光下展示著。

到咖啡館的角落找靈感，是我的一種習慣，也是我相信的事情，因為我知道靈感真的就在這裡，我可以找得到它，一如此刻，我正坐在「威爾貝克」狹長店內走進來最裡頭的這個角落裡。

優講堂 02

當創意遇見創意

作　　者—龔大中
主　　編—李筱婷
協力編輯—李雪如
美術設計—阿　倫
執行企劃—林倩聿

董 事 長—趙政岷
出 版 者—時報文化出版企業股份有限公司
108019台北市和平西路三段二四〇號一至七樓
發行專線—（〇二）二三〇六六八四二
讀者服務專線—〇八〇〇二三一七〇五
讀者服務傳真—（〇二）二三〇四六八五八
郵撥—一九三四四七二四時報文化出版公司
信箱—10899台北華江橋郵局第九十九信箱

時報悅讀網—http://www.readingtimes.com.tw
電子郵箱—history@readingtimes.com.tw
法律顧問—理律法律事務所　陳長文律師、李念祖律師
印　　刷—華展彩色印刷股份有限公司
初版一刷—二〇一五年六月五日
初版二刷—二〇二一年五月二十七日
定價—新台幣三三〇元

時報文化出版公司成立於一九七五年，
並於一九九九年股票上櫃公開發行，於二〇〇八年脫離中時集團非屬旺中，
以「尊重智慧與創意的文化事業」為信念。

當創意遇見創意 / 龔大中著
--初版. -- 臺北市：時報文化, 2015.06
272面；14.8x21公分 -- (優講堂；2)

ISBN 978-957-13-6244-1(平裝)

1.廣告創意

497.2　　　　104004913

ISBN 978-957-13-6244-1
Printed in Taiwan